Cambios de Paradigma

Un manual para estudiantes, profesores, científicos y curiosos.

J. Marvin Herndon, Ph.D.

DEDICATORIA

Este libro está dedicado a aquellos lectores que, siendo astutos, se percataron de que les podría enseñar a hacer descubrimientos que cambian paradigmas, y a aplicar ese conocimiento para lograrlo ellos.

Traducción: Josefina Fraile Martín

ÍNDICE

AGRADECIMIENTOS

Las siguientes personas contribuyeron de manera significativa a mi comprensión de la ciencia: Paul K. Kuroda, Inge Lehmann, Lynn Margulis, Marvin W. Rowe, Hans E. Suess y Harold C. Urey.

Arte de portada cortesía de Sean Whang.

1 FACILITANDO CAMBIOS DE PARADIGMA

La observación, las ideas y el entendimiento son la sustancia de la ciencia. Somos, en un sentido muy real, criaturas de la mente, construyendo la ciencia sobre algo tan sutil como el tejido del pensamiento humano, un tejido que debe transmitirse de generación en generación sin deshacerse.

En 1974, sólo unos meses después de recibir el doctorado en química nuclear, presenté un seminario en la Universidad de California, en San Diego. Entre el público había dos hombres a los que sólo conocía por su reputación: el Premio Nobel Harold C. Urey (1893-1981), que descubrió el deuterio y concibió la idea de la paleotermometría de los isótopos del oxígeno, y el Prof. Dr. Hans E. Suess (1909-1993), codescubridor de la estructura de la corteza del núcleo atómico que le valió a J. Hans D. Jensen una parte del Premio Nobel (Figura 1.1).

Figure 1.1. Harold Clayton Urey (izq.) y Hans Eduard Suess (der.).

Tanto Urey como Suess recibieron conocimientos de relevantes maestros. Urey había realizado un aprendizaje posdoctoral con Niels Bohr en Copenhague. Suess había aprendido geología de su padre Franz Eduard Suess, un famoso geólogo, que a su vez había aprendido de su padre, Eduard Suess, geólogo aún más famoso, y autor de Das *Antlitz der Erde* [1]. Algo que dije durante ese seminario hizo que esos dos gigantes veteranos me invitaran a hacer un aprendizaje posdoctoral con ellos.

Suess y Urey estaban bien instruidos en los principios, métodos y ética de la ciencia anterior a la Segunda Guerra Mundial, una época de escasa financiación gubernamental. En 1951 se creó la Fundación Nacional de la Ciencia de EE.UU., que redactó las normas para la administración gubernamental de la financiación de la investigación científica por las que hoy se rige la comunidad científica. Lamentablemente, esas normas se concibieron sin tener en cuenta la naturaleza humana, incluyendo no solo la revisión secreta de las propuestas de financiación por parte de los competidores de uno, lo que fomenta el engaño, sino también los requisitos de las propuestas que trivializan la ciencia. ¿Cómo se puede especificar de antemano lo que se va a descubrir que nunca antes se ha descubierto y lo que uno hará para realizar ese descubrimiento?

En 1974, el tejido de la ciencia ya se estaba deshilachando. Ahora, 47 años después, deseo compartir algunas de las ideas que aprendí de Urey y Suess, y que también recogí en los senderos de los descubrimientos científicos [2-24].

El propósito de la ciencia es determinar la verdadera naturaleza de la Tierra, el Universo, y todo lo que encierran. La palabra "verdadera" es primordial. La ciencia tiene que ver con la verdad y la integridad. Pero en muchas otras actividades, la política por ejemplo, la verdad no tiene la misma imperatividad que en la ciencia, aunque como reconoce Mahatma Gandhi, *"la verdad nunca daña una causa que es justa"*.

La ciencia es una actividad en constante evolución que consiste en sustituir los conocimientos menos precisos por otros más precisos. De este modo, la ciencia avanza. ¿Pero cómo se sabe, por ejemplo, si una nueva idea representa un avance o no?

¿Cómo se determina la verdad en un caso así? En matemáticas se puede demostrar lo que es cierto, pero en general eso no ocurre en la ciencia. Cuando surge una nueva idea, hay que discutirla y debatirla. Si es posible, hay que intentar refutar la nueva idea, para demostrar que no es cierta. Si la comunidad científica no es capaz de refutar la idea, idealmente en la misma revista en la que se publicó por primera vez, entonces la idea debe ser reconocida y citada en la literatura científica pertinente. Cuidado con los charlatanes de la ciencia que ignoran las nuevas ideas contradictorias.

El criterio de verdad en la ciencia es diferente al de la verdad en otros campos. La jurisprudencia, por ejemplo, filtra las pruebas en cuanto a su admisibilidad o inadmisibilidad y permite que un jurado determine la verdad, es decir, la culpabilidad o la inocencia, que puede ser o no el hecho real. En cuestiones de gobernanza política, por ejemplo, el consenso es el criterio para la verdad, pero en la ciencia, el consenso no tiene sentido; la ciencia es un proceso lógico, no un proceso democrático.

Las nuevas ideas fundamentales a veces encuentran resistencia. He observado que existe un análogo humano a la Ley de Lenz en física y al Principio de Le Chatelier en química, la tendencia de un sistema a oponerse al cambio. En una ocasión, después de una agradable cena, comencé a explicar mis recientes descubrimientos a un amigo, un científico visitante al que no había visto desde hacía varios años. Cuando le describí cómo el interior de la Tierra difería de lo que le habían enseñado, su actitud cambió, su rostro se volvió ceniciento y apenas habló durante el resto de su visita. He tenido experiencias similares con otras personas.

En 1623, Galileo Galilei (1564-1642), uno de los más grandes científicos del milenio, caracterizó con precisión la respuesta humana a las nuevas ideas en una carta escrita a Don Virginio Cesarini, en la que decía entre otras cosas: *"Nunca he entendido, Excelencia, por qué cada uno de los estudios que he publicado para complacer o servir a otras personas ha despertado en algunos hombres un cierto impulso perverso de restar, robar o despreciar ese mínimo mérito que yo creía haber ganado, si no por mi obra, al menos por su intención"* [25].

Cuando me expongo a un concepto fundamentalmente nuevo, me pregunto: *"Supongamos que el nuevo concepto es correcto. ¿Qué significa? ¿Qué avances podrían derivarse de él?".* Ahí podrían encontrarse oportunidades de nuevos descubrimientos.

La buena ciencia, bien ejecutada y anclada en las abundancias de los elementos y en las propiedades de la materia y la radiación, trasciende la opinión humana. Lo ideal es tratar de derivar relaciones cuantitativas fundamentales en la naturaleza. En cambio, la elaboración de modelos basados en suposiciones no es, en mi opinión, ciencia. Los modelos son programas informáticos que, por lo general, parten de un resultado final preconcebido, obtenido en base a la selección de variables y suposiciones. Algunos modelos son útiles [26], pero generalmente no conducen a descubrimientos científicos.

Acababa de empezar un aprendizaje postdoctoral de tres años con Hans E. Suess y Harold C. Urey cuando, en la mañana del tercer día, Suess pasó por mi despacho, me entregó copia de uno de sus artículos científicos para que lo leyera, pidiéndome que cuando lo hubiera hecho me pasara por su oficina para comentarlo con él. Deseando causar una buena impresión, leí el artículo con bastante atención. Parecía bastante sencillo, casi trivial. Lo volví a leer y me dirigí a su despacho.

No habían transcurrido ni cinco minutos de charla cuando se me hizo dolorosamente evidente que no había entendido en absoluto el artículo, que no contenía matemáticas complejas ni requería información de fondo especializada. Suess se limitó a sacudir la cabeza y me dijo que volviera cuando lo hubiera entendido.

Me sentí desolado. Realmente había querido causar una buena impresión. Abatido, salí del despacho de Suess para reunirme con

Harold Urey y comer juntos. Urey intuyó que algo iba mal y me pidió una explicación. Le comenté la imposibilidad de entender el documento de Suess. Urey sonrió amablemente y me sugirió que intentara leer los artículos científicos como lo hace él. Urey me explicó que él sólo lee una frase y no pasa a la siguiente hasta no haber entendido completamente el significado de esa frase. Puse en práctica la sugerencia de Urey y fue como si se me abriera un mundo nuevo: podía entender los artículos científicos de Hans Suess tal y como él pretendía que se entendieran.

Así que, en la primera semana de mi aprendizaje postdoctoral, había aprendido a leer, pero aún no me había dado cuenta de que también tenía que aprender a escribir en pasos lógicos y relacionados con la causa. Eso llegaría dos meses después.

Una tarde, a los seis meses de mi aprendizaje posdoctoral, Suess me preguntó directamente si sabía por qué me había elegido. Entonces me recordó mi seminario y las preguntas que le siguieron, en concreto una pregunta específica que hacía tiempo había olvidado. Me recordó que le dije que no podía responder a esa pregunta, que simplemente no se conocía la información. Mirándome de una forma que parecía escudriñar mi alma, Hans Suess me confesó que ni un joven científico entre mil habría respondido así; la mayoría habría intentado responder a la pregunta. Luego, me explicó que es mucho más importante saber lo que *no* se sabe, que saber lo que *sí se* sabe.

Hay una técnica, una metodología, que se puede aplicar para empezar a conocer lo que no se sabe y es, sencillamente, retroceder en el tiempo [27]. Viajar en el tiempo, no con una máquina del tiempo de H. G. Wells, sino a través de la comprensión histórica de los acontecimientos y las ideas que condujeron al estado actual de comprensión. Todo ello está documentado en la literatura científica. Ordenar lógicamente las observaciones e ideas históricas en una progresión secuencial de la comprensión, al tiempo que se es muy consciente de los cambios y descubrimientos posteriores, ayuda a ver las lagunas en la secuencia, a empezar a saber lo que no se sabe y quizás a encontrar los errores que se cometieron y no se corrigieron a la luz de los datos posteriores.

La división y la subdivisión progresiva con especialización constituyen un proceso integral en la naturaleza y en la actividad humana. De hecho, cada uno de nosotros comenzó como una célula única que se dividió y subdividió progresivamente mientras lograba funciones especializadas. La observación, la experimentación, la derivación, el cálculo y la comprensión, cada vez más numerosos, han conducido por necesidad a la división, la subdivisión progresiva y a la especialización del conocimiento. Hacia el siglo XVII, la química desarrollaba su distinción como ciencia claramente separada de la física. Luego, en el siglo XX, a medida que los académicos ampliaron el estudio de la Tierra, esas mismas divisiones se llevaron adelante como geoquímica y geofísica.

Pero hay un problema: como la geoquímica y la geofísica son sólo descripciones parciales de la Tierra, su separación y especialización suponen un grave impedimento para la comprensión y, en consecuencia, para hacer nuevos descubrimientos importantes, sobre todo en los casos en que los geoquímicos tienen poca formación en física y los geofísicos tienen poca formación en química. Otro impedimento, a veces incluso más grave, para realizar nuevos descubrimientos importantes, y que a menudo es el menos obvio, surge al descartar del ámbito de la investigación científica, la comprensión de la historia de la ciencia pertinente.

La ciencia es en gran medida una progresión lógica a través del tiempo. Los avances se basan a menudo en ideas y conocimientos desarrollados en el pasado, a veces en circunstancias que ya no tienen el mismo grado de validez. Para un científico que trabaje dentro de un marco conceptual, es muy beneficioso comprender la base histórica de ese marco, entender cómo surgió el estado actual del conocimiento y en qué circunstancias.

Con demasiada frecuencia, los científicos, que son criaturas humanas de hábito, avanzan con optimismo a través del tiempo, mirando ansiosamente hacia el futuro, pero rara vez se preguntan sobre las circunstancias del pasado que han determinado su curso actual. Avanzar por un camino lógico de descubrimientos es más bien como seguir un sendero a través de la jungla. De vez en cuando uno llega a una encrucijada, y el camino se divide presentando una elección de interpretaciones científicas. Si se elige la interpretación lógica correcta, el camino queda libre para seguir avanzando; la elección equivocada lleva a la confusión. Este es a menudo el camino de la ciencia. Para complicar aún más las cosas, el camino correcto es a veces invisible, oculto porque todavía no se ha hecho algún descubrimiento necesario. Además, la progresión lógica de los descubrimientos científicos se ve a menudo obstaculizada por los elementos más oscuros de la naturaleza humana y el interés institucional.

Se ha escrito mucho sobre la oposición de la Iglesia católica romana a la hipótesis heliocéntrica de Nicolás Copérnico (1473-1543) [28] y sus consecuencias en los individuos y en la progresión del conocimiento humano [29]. Sin embargo, es menos conocido que unos 1800 años antes de Copérnico, Aristarco de Samos (310-230 a.C.) había llegado a la misma idea. Aunque el documento explicativo original se ha perdido, Arquímedes (287-213 a.C.) hace una clara referencia a sus ideas en su libro "*El recordatorio de la arena*", que dice en parte: "*Sus hipótesis son que las estrellas fijas y el sol permanecen inmóviles, que la tierra gira alrededor del sol en la circunferencia de un círculo, estando el sol en el centro de la órbita, y que la esfera de las estrellas fijas, situada alrededor del mismo centro que el sol...*". [30].

La pregunta lógica sería: ¿cuál es la relevancia de las referencias históricas anteriores, especialmente ahora, en la época de las comunicaciones globales casi instantáneas y del acceso a

Internet? La relevancia tiene que ver con la persistencia de la naturaleza humana, que no cambia en una escala temporal de unos pocos cientos o incluso de unos pocos miles de años, y que refleja los impedimentos planteados por el propio interés institucional.

Los fenómenos, procesos o acontecimientos, cuando se describen en términos de un paradigma problemático, dan lugar a explicaciones que suelen ser más complejas, si no lógicamente inconexas o físicamente imposibles, que las correspondientes explicaciones planteadas posteriormente dentro de un paradigma diferente, mejor entendido y más correcto. Por ejemplo, en el paradigma del universo centrado en la Tierra de Ptolomeo, el movimiento aparente observado de los planetas, concretamente sus movimientos retrógrados, se describía mediante complejos epiciclos (figura 1.2). En el marco de los conocimientos de la época, esa explicación parecía aclarar los movimientos planetarios retrógrados observados, pero ahora sabemos que los epiciclos son construcciones artificiales y que la Tierra no está situada en el centro del Universo.

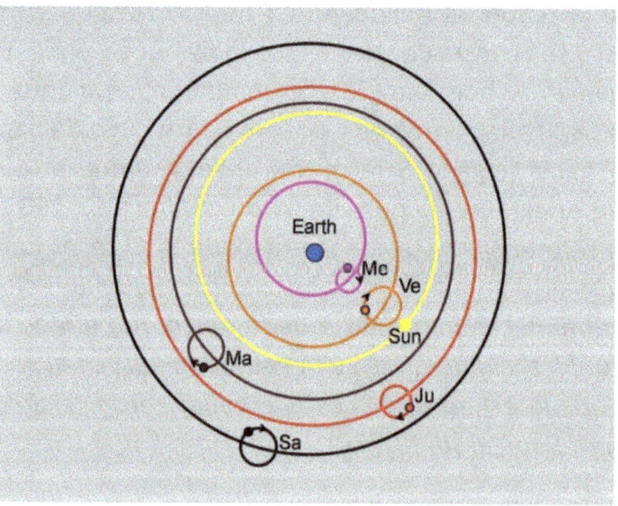

Figure 1.2. Los epiciclos pudieron explicar el aparente movimiento retrógrado de los planetas en el problemático paradigma del universo Ptolemaico centrado en la Tierra.

Otro ejemplo, es la teoría de la tectónica de placas. Se cree que las montañas se forman por colisiones de placas [31], ya que las placas se mueven por el globo montadas sobre supuestas células de convección del manto. Según esa creencia, las montañas más antiguas que Pangea requerían una formación y ruptura de continentes anterior, y luego otra anterior, etc. En otras palabras, ciclos de supercontinentes, también llamados ciclos de Wilson [32] (Figura 1.3).

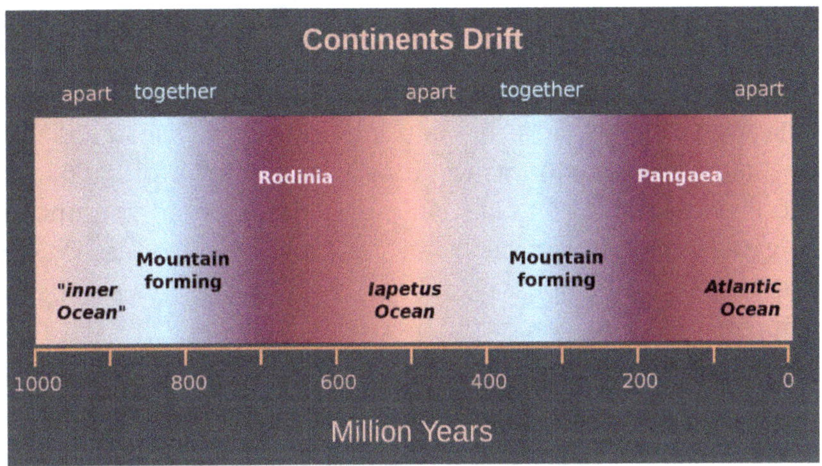

Figura 1.3. Ilustración que muestra la idea ficticia de la tectónica de placas de los ciclos de supercontinentes. Cortesía de Hannes Grobe.

La lección que extrae es la siguiente: si hay que recurrir a crear complejas explicaciones *ad hoc* para que algunas observaciones encajen, en apariencia, dentro del conocimiento actual, considérenlo como una invitación a cuestionar el conocimiento actual.

Del mismo modo, en el paradigma de la física clásica, anterior a la cuántica, se calculaba que un cuerpo negro ideal en estado de equilibrio térmico emitía radiación con una potencia esencialmente infinita en las longitudes de onda más cortas. Esta es la denominada catástrofe ultravioleta, una circunstancia que es físicamente imposible. Más tarde, en el paradigma de la física cuántica, ahora más correcto, la radiación del cuerpo negro y otros fenómenos, pueden explicarse de forma lógica, causal y con mayor sencillez, sin invocar complejos y supuestos *ad hoc*. Este cambio fundamental en la comprensión se denomina *cambio de paradigma [33]*.

La ciencia es como un largo camino pavimentado con observaciones, ideas y entendimientos. Desde la distancia, puede parecer una cinta lisa que serpentea a través del tiempo. Pero, de cerca, puede verse como un camino pedregoso, - una mezcla de perspicacia y descuido, diseño y serendipia, precisión y error, e implicación y revisión, a menudo influenciada por los caprichos del comportamiento humano. Si se examina en profundidad la historia de la ciencia en cuestión, se puede empezar a reconocer las vacilaciones del pasado en la progresión lógica de las observaciones y las ideas y, tal vez, descubrir entonces nuevas comprensiones más precisas [27].

La ciencia es una progresión lógica de acontecimientos relacionados causalmente, análoga a una película realmente buena, en la que todas las acciones están relacionadas lógica y causalmente; todas las piezas encajan. Ahora bien, si algo de la naturaleza parece una película realmente mala y no tiene sentido, hazte la pregunta: "¿qué es lo que falla en esta imagen?". Ese puede ser el primer paso para hacer un descubrimiento importante.

Hay una forma más fundamental de hacer descubrimientos que las variantes del método científico que se enseñan en las escuelas y que describo aquí: *un individuo reflexiona y, a través de tediosos esfuerzos, ordena observaciones aparentemente no relacionadas en una secuencia lógica en la mente, de modo que las relaciones causales se hacen evidentes y surge una nueva comprensión, mostrando el camino para nuevas observaciones, nuevos experimentos, nuevas consideraciones teóricas y nuevos descubrimientos* [27].

La ciencia no debería ser simplemente una disciplina académica, sino que debería tener como objetivo mejorar el bienestar de la vida en la Tierra. En virtud de sus capacidades y formación, los científicos tienen, en mi opinión, una responsabilidad especial ante la humanidad, no sólo para mejorar la salud humana y medioambiental, sino para proteger la vida en este planeta. La vida en la Tierra es posible gracias tanto a la naturaleza de la composición y los procesos físicos de la Tierra, que protegen de los estragos y las variaciones de la radiación solar, como a las innumerables y complejas interacciones de la biota con sus diversos entornos. Los científicos deben evitar e incluso prevenir cualquier actividad que altere el delicado equilibrio de la naturaleza. Por encima de todo, los científicos deben ser veraces.

2 NUEVO PARADIGMA DEL CAMPO GEOMAGNÉTICO

Albert Einstein [34] trabajó con diligencia, pero sin éxito, para comprender el origen del campo magnético de la Tierra, que consideraba uno de los cinco problemas más importantes sin resolver de la física [35].

Aunque la brújula magnética ya se utilizaba en la antigüedad [36], la causa de su funcionamiento, hoy denominada campo magnético terrestre o campo geomagnético, era un gran misterio. Durante siglos no se supo si ese campo magnético se originaba en el interior de la Tierra o era de origen extraterrestre. En 1600, William Gilbert [37] demostró que las desviaciones de la brújula magnética medidas alrededor de una esfera fabricada con piedra de carga magnética se correspondían con las desviaciones de la brújula registradas por los navegantes alrededor de la superficie de nuestro planeta. En 1838, Carl Friedrich Gauss [38] demostró matemáticamente que la sede del campo geomagnético reside en el centro de la Tierra o cerca de él.

En 1855, Michael Faraday [39] comunicó su descubrimiento de que una corriente eléctrica, es decir, el flujo de cargas eléctricas, produce un campo magnético. El núcleo fluido de la Tierra, descubierto en 1906 [40], fue la única región interior de la que se pensaba que podía tener movimiento además de la rotación planetaria, hasta 1993 [17]. Walter Elsasser [41] sugirió en 1939 que el campo geomagnético podría producirse por convección en el núcleo fluido de la Tierra, que, unido a la rotación planetaria, actúa como una dinamo, un amplificador magnético. Elsasser [41-43] simplemente asumió que la convección existe en el núcleo fluido sin ninguna evidencia independiente que lo corroborase.

Más de 80 años después no se ha descubierto ninguna prueba independiente que lo corrobore.

La vida en la Tierra depende en gran medida del campo geomagnético, que no sólo sirve de ayuda para la navegación de muchas criaturas [44, 45], sino que también actúa como un escudo que protege toda la vida en la Tierra de los ataques de partículas cargadas del viento solar [46] (Figura 2.1). De vez en cuando, la corona solar expulsa pulsos masivos de plasma cargado que sobrepasan parcialmente el campo magnético de la Tierra [47]. En esos momentos, las partículas de carga atraviesan la atmósfera terrestre iluminando los cielos del norte y del sur con deslumbrantes espectáculos aurorales. Estos eventos esporádicos inducen peligrosas corrientes eléctricas en largos conductores metálicos en la superficie y dañan los equipos eléctricos por las corrientes eléctricas inducidas [48, 49]. Aunque poco frecuentes, estos eventos prefiguran los desastres potenciales que inevitablemente ocurrirán cuando el campo geomagnético se debilite, invierta y/o colapse [14].

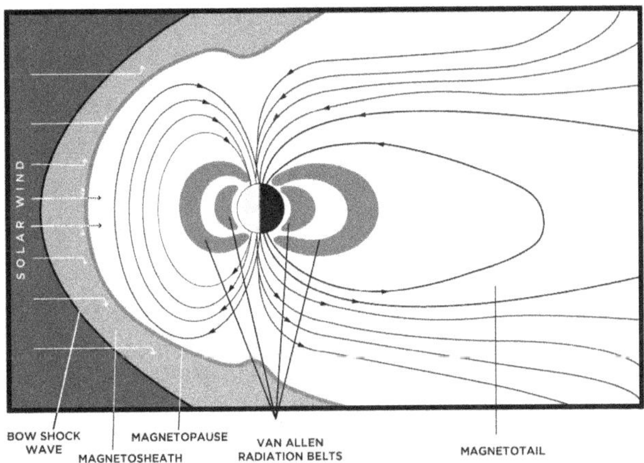

Figura 2.1. Representación esquemática del campo geomagnético, el escudo de la Tierra que desvía las partículas de carga del sol de forma segura lejos del planeta. De [50].

De vez en cuando, e irregularmente, el campo geomagnético se invierte. La última inversión geomagnética se produjo hace unos 786 millones de años. Nuestros antepasados de la edad de piedra, sin infraestructura tecnológica, sobrevivieron a esa inversión. Durante la próxima inversión y/o colapso del campo geomagnético, el ataque de partículas cargadas procedentes del sol arrasará con nuestra infraestructura basada en la electricidad, pudiendo acabar con dos siglos de desarrollo de infraestructuras [51]. Una de las principales obligaciones y responsabilidades de los científicos debería ser avanzar en el conocimiento geomagnético para proteger a la humanidad. En cambio, como se describe a continuación, la comunidad geocientífica mundial, funcionando como un cártel, ha engañado sistemáticamente durante décadas a los gobiernos mundiales, a los científicos y al público sobre el origen y la naturaleza del campo geomagnético y sus riesgos potenciales a corto plazo para la infraestructura de la humanidad [14].

CONSENSO SIN SENTIDO

En 2020, Li et al. publicaron un artículo titulado *"Curva de fusión de choque del hierro: un consenso sobre la temperatura en el límite del núcleo interno de la Tierra"* [52]. Su título ilustra bien la no-ciencia que impregna el "establishment" geocientífico. En concreto, la falta de comprensión de los principios de la ciencia, que son contrarios al consenso, y de la naturaleza del interior de la Tierra.

En el ámbito de la política, el consenso es una medida de la popularidad de una idea, no de su corrección. En la ciencia, el consenso no tiene sentido. En las fronteras de la comprensión, en la interfaz de lo desconocido, la popularidad de un concepto en la ciencia no es una medida de corrección. Proporcionar datos que apoyen un consenso no es la forma en que la ciencia progresa; si el consenso determinara la verdad científica, el progreso sería imposible. Las revoluciones que cambian los paradigmas científicos inevitablemente anulan el consenso. La ciencia progresa determinando lo que está mal en las percepciones actuales.

Cuando surge un nuevo concepto en la ciencia que desafía el pensamiento imperante, la obligación de la comunidad científica es intentar refutar el nuevo concepto. Si no es posible hacerlo, el nuevo concepto debe citarse en la literatura posterior. Ignorar o no citar un nuevo concepto que desafía el pensamiento imperante, no sólo es mala ciencia, sino que engaña a los que financian la investigación, normalmente los contribuyentes, y engaña a los compañeros científicos que, de otro modo, podrían avanzar en el nuevo concepto.

Li et al. [52] se unen a cientos, si no miles, de científicos que durante cuarenta años han ignorado sistemáticamente o no han citado las contradicciones publicadas del mismo consenso que intentan apoyar. Este fracaso colectivo ha desperdiciado millones de dólares de fondos de investigación proporcionados por los contribuyentes y ha engañado a los funcionarios del gobierno, a los científicos y al público, creando una falsa sensación de seguridad con respecto a los riesgos y las consecuencias de una inversión y/o colapso geomagnético. ¿Por qué? ¿Con qué fin? Los organismos gubernamentales de financiación y las editoriales científicas son parcialmente culpables, pero también lo son los científicos, algunos de los cuales son corruptos, o tienen miedo de hablar, o simplemente ignoran lo que constituye la buena ciencia.

DESCUBRIMIENTOS FUNDAMENTALES SOBRE LA TIERRA PROFUNDA

A continuación presento un registro histórico de la respuesta engañosa a un nuevo concepto desafiante publicado en 1979 [2]. No sólo se ha ignorado sistemáticamente ese nuevo concepto rompedor, sino que se han realizado esfuerzos concertados para engañar al público sobre sus consiguientes avances, muchos de los cuales están relacionados con el origen del campo geomagnético [4, 11, 17, 18, 53] y la próxima inversión y/o potencial colapso geomagnético [14].

En 1906, Oldham descubrió el núcleo metálico de hierro de la Tierra, cuyo límite se encuentra aproximadamente a mitad de camino del centro del planeta [40] (Figura 2.2). En 1930, sus dimensiones estaban bien establecidas y se descubrió que el núcleo era líquido [54]. Surgió una imagen sencilla del interior de la Tierra: un núcleo de aleación de hierro rodeado por un manto de roca silícea y coronado por una corteza muy fina (descubierta por Mohorovičić en 1909 [55]). Pero faltaba algo. Las ondas sísmicas de un gran terremoto en Nueva Zelanda, en lugar de verse ensombrecidas por el núcleo, se observaron en la superficie, en la zona de sombra.

Esto planteaba un gran misterio geocientífico.

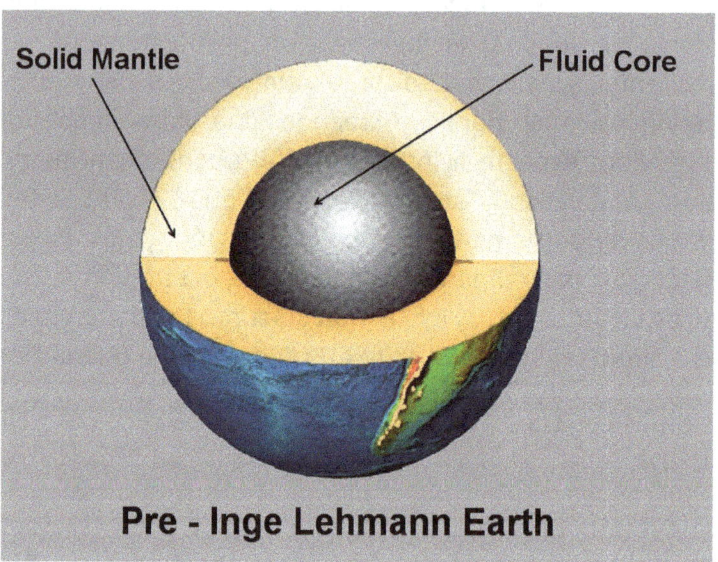

Figura 2.2. La imagen simple del interior de la Tierra tal y como se entendía en 1930.

En 1936, la sismóloga danesa, Inge Lehmann, resolvió este gran misterio al deducir correctamente que dentro del núcleo fluido debía haber un núcleo interno sólido que reflejaría las ondas sísmicas en la zona de sombra, explicando así las observaciones sísmicas [56]. La figura 2.3 muestra el diagrama de su descubrimiento. El razonamiento de Lehmann fue tan preciso que su concepto de núcleo interno se aceptó como un hecho, a pesar de que no se dispuso de pruebas confirmatorias hasta la década de 1960.

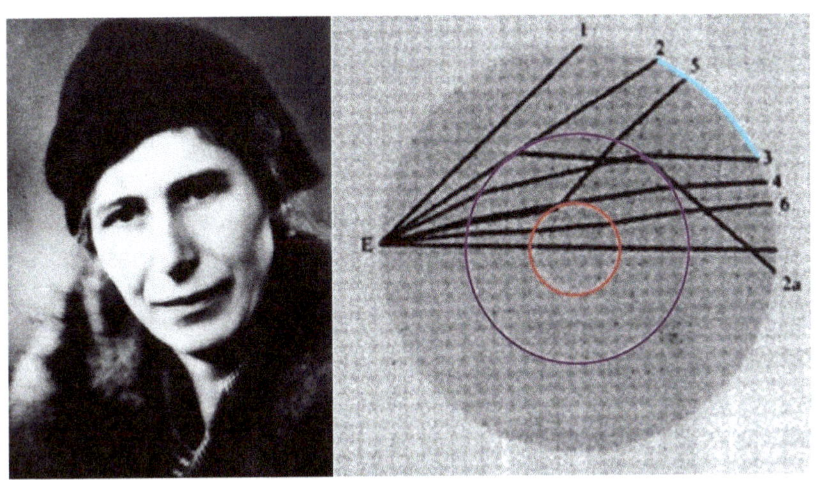

Figura 2.3. Fotografía de Inge Lehmann (1888-1993) y un dibujo de [56] que ilustra su descubrimiento del núcleo interno. He coloreado el dibujo para mayor claridad.

Los estudios de la rotación de la Tierra y de las ondas sísmicas pueden proporcionar información sobre la distribución de las capas de masa dentro del planeta. Sin embargo, la composición química de esas capas debe deducirse del estudio de los meteoritos. En las décadas de 1930 y 1940, se pensaba que la Tierra se asemejaba a un *meteorito de condrita ordinaria*, llamada ordinaria por su gran abundancia. Si los elementos de una condrita ordinaria se calientan lo suficiente en el laboratorio, estos se separan en dos componentes, una aleación de hierro bajo la roca de silicato; configuración que nos remite a la composición de la Tierra tal y como se entendía antes del descubrimiento del núcleo interno de Lehmann [56].

En los meteoritos de condrita ordinarios, el níquel se encuentra *siempre* aleado con el metal de hierro; todos los elementos más pesados que el hierro y el níquel, incluso combinados, no podrían constituir una masa tan grande como la del núcleo interno. Entonces, ¿cuál es la composición del núcleo interno? En 1940 Birch [57] creyó tener la respuesta, *supuso*, sin pruebas que lo corroboraran, que el núcleo interno era metal de hierro en proceso de solidificación (congelación) a partir del núcleo líquido de aleación de hierro (como un cubito de hielo en un vaso de agua helada). Si Birch tuviera razón, se podría determinar la temperatura en el límite del núcleo interno midiendo la temperatura de solidificación del hierro a la presión correspondiente. Eso es lo que hicieron Li et al. [52] en 2020 y lo que han hecho muchos desde los años 40, pero la base es una suposición fatalmente defectuosa.

Durante 39 años, Birch y otros geocientíficos no tuvieron ninguna razón para creer que la composición del núcleo interno fuera otra que el metal de hierro (o níquel-hierro) parcialmente congelado.

Cuando Birch [57] y otros imaginaron que la Tierra se parecía a un meteorito de condrita ordinario, ignoraron otra posibilidad, una *condrita de enstatita*, uno de los meteoritos de condrita mucho menos comunes cuya materia se había formado en condiciones de falta de oxígeno y que incluso contenía algunos minerales que no se encuentran en la superficie de la Tierra. Debido a su rareza y a los minerales aparentemente inexplicables que carecen de oxígeno, las condritas de enstatita fueron simplemente ignoradas como candidatas a la composición interior de la Tierra.

En 1976, Hans E. Suess y yo [58] descubrimos que la composición pobre en oxígeno de la materia parental de las condritas de enstatita podía entenderse como consecuencia de que se habían condensado a altas temperaturas y altas presiones a partir de un gas con la composición del sol, siempre que esa materia estuviera aislada de otras reacciones a temperaturas más bajas. En ese medio, a presiones más altas las sustancias se condensan a temperaturas más altas, pero la reacción que hace que el oxígeno esté disponible es independiente de la presión y limita la disponibilidad del oxígeno a temperaturas más altas.

Debido a la falta de oxígeno de la materia madre de las condritas de enstatita, una parte de sus elementos que adoran combinarse con el oxígeno, en lugar de residir por completo en la parte de roca silícea amante del oxígeno, aparecen parcialmente en la parte de aleación de hierro. Estos elementos incluyen el calcio, el magnesio, el silicio y el uranio.

Mientras estudiaba meteoritos de condritas de enstatita en la década de 1970, me di cuenta de que, si el silicio estuviera presente en el núcleo de la Tierra, se combinaría con el níquel como siliciuro de níquel, lo que formaría una masa en el centro casi idéntica a la masa del núcleo interno.

Luego, en 1979, publiqué una contradicción [2] a la idea del núcleo interno de hace 39 años (Figura 2.4).

Proc. R. Soc. Lond. A **368**, 495–500 (1979)
Printed in Great Britain

The nickel silicide inner core of the Earth

By J. M. HERNDON

*Department of Chemistry, University of California, San Diego,
La Jolla, California 92093, U.S.A.*

(*Communicated by H. C. Urey, For.Mem.R.S. – Received* 27 *November* 1978
– *Revised* 19 *April* 1979)

From observations of nature the suggestion is made that the inner core of the Earth consists not of nickel–iron metal but of nickel silicide.

Contemporary understanding of the physical state and chemical composition of the interior of the Earth is derived primarily from interpretations of seismological measurements and from inferences drawn from observations of meteorites. Seismological investigations by Oldham (1906), Gutenberg (1914) and others helped to establish the idea that a fluid core extends to approximately one half the radius of the Earth. The existence of a small, apparently solid inner core at the centre of the Earth was recognized by Lehmann (1936) from interpretations of

Figura 2.4. de [2].

La figura 2.5 es la imagen de una carta de felicitación que recibí de Inge Lehmann en la que expresaba su interés por las respuestas de otros geofísicos. Ahora, cuatro décadas después, reviso esas respuestas.

```
p.t.Søbakkevej 11
     2840 Holte, Denmark                        August 17, 1979




Dr. J.M.Herndon
Department of Chemistry
University of California, San Diego
La Jolla, California 92093




Dear Dr. Herndon,

     Thank you for sending me your very interesting paper:
Earth's nickel silicide inner core.

     I admire the precission of your reasoning based on
available information, and I congratulate you on the highly
important result you have obtained.

     It has been a special pleasure to be informed in advace
of publication. I shall be interested to note the reactions of
other geophysigists.

     With kind regards

                         Yours sincerely,

                                            Inge Lehmann
```

Figura 2.5. Carta de Inge Lehmann al autor.

Mientras esperaba la publicación de mi artículo sobre el núcleo interno de siliciuro de níquel [2], imaginé que habría debate y discusión, y me preocupaba que los geocientíficos con laboratorios bien financiados recogieran la pelota y corrieran con ella, dejándome en el polvo. En lugar de eso, hubo silencio. Fue como si el artículo nunca se hubiera publicado. Ese trabajo fue ignorado y ha sido ignorado durante cuatro décadas, como lo demuestra, por ejemplo, el artículo de Li et al. de 2020 [52]. Además, mi beca de la NASA, que había financiado el trabajo, no fue renovada, sin una buena razón. Fui "excomulgado" y sin esa subvención mi puesto en la universidad se evaporó.

La ciencia, bien ejecutada, es una progresión lógica de la comprensión. Un nuevo descubrimiento, si es correcto, conduce potencialmente a una serie de descubrimientos sucesivos. Un "descubrimiento" incorrecto no lleva a ninguna parte, atrapando a sus adherentes ciegos en un callejón sin salida intelectual. Eso es lo que le ocurrió a la comunidad geocientífica como resultado de ignorar mi artículo fundamental de 1979 sobre el siliciuro de níquel.

¿Pero estaba yo en lo cierto? Una de las preguntas que hay que hacerse es cuál de los meteoritos condritos tiene un porcentaje de peso de aleación de hierro lo suficientemente grande como para coincidir con el porcentaje de peso del núcleo de aleación de hierro de la Tierra. Los datos, que se muestran en la figura 2.6, no dejan lugar a dudas de que sólo las *condritas enstatitas*, y no las *condritas ordinarias*, son lo suficientemente ricas en aleación de hierro como para coincidir con la Tierra. Por consiguiente, el razonamiento en el que Birch [57] basó su interpretación del núcleo interno carece de fundamento.

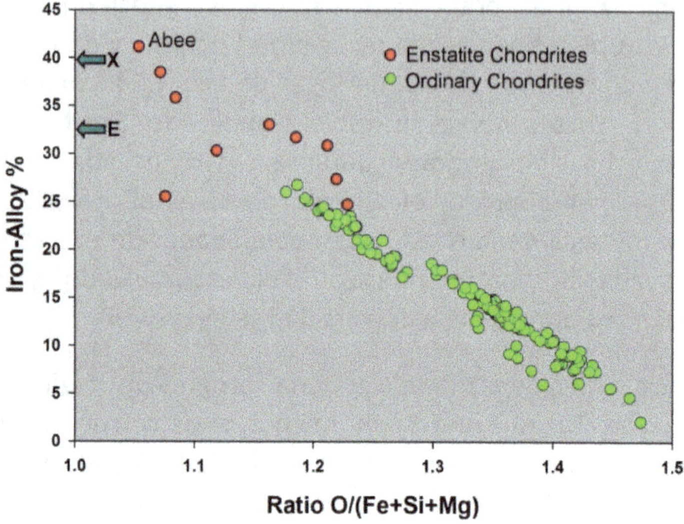

Figura 2.6. Comparación del porcentaje en masa de la aleación de hierro en varios meteoritos condritos con el de la Tierra en su conjunto (E) y la endosfera (X) (manto inferior más núcleo [59]).

La composición del núcleo interno de la Tierra no es una entidad aislada e inconexa, sino que está inextricablemente relacionada con el origen y la composición de la Tierra.

El 9 de junio de 1952 la condrita de enstatita Abee cayó a tierra en Alberta, Canadá [60]. La figura 2.7a muestra un fragmento casi completo de la condrita de enstatita Abee, del tamaño de una pelota de baloncesto y de 107 kg de peso. Abee ha sido descrita como una brecha de explosión debido a sus fragmentos angulares [61], pero su morfología es bastante singular. Las periferias de algunos de los componentes angulares son brillantes, enriquecidas en metal de hierro que estaba fundido. La figura 2.7b, es una micrografía que muestra cristales del principal mineral de silicato, la enstatita (MgSiO3) incrustados (rodeados) por hierro que era líquido en un momento en que el cristal mineral era sólido. La figura 2.7c es una micrografía del metal de hierro, grabada con ácido, que revela plaquetas de perlita, carburo de hierro, indicativas de un enfriamiento relativamente rápido. M. Lea Rudee y yo publicamos en 1978 [62] y 1981 [63] los resultados de experimentos metalúrgicos que demostraron que durante su formación Abee se enfrió por última vez de 700°C a 25°C en diez horas.

Figura 2.7. (A) Corte casi completo de la condrita de enstatita Abee. (B) Micrografía que muestra sus cristales de enstatita rodeados de metal de hierro previamente fundido. (C) Micrografía que muestra plaquetas de carburo de hierro en su metal.

Sigue esta progresión lógica que consideré por primera vez en 1980 [59]. Si el núcleo interno es efectivamente siliciuro de níquel, entonces el núcleo debe ser como la porción de aleación del meteorito de condrita enstatita de Abee, lo que significa que el núcleo de la Tierra debería estar rodeado por una cáscara de roca silícea como el silicato de enstatita de Abee ($MgSiO_3$). Multiplicando la masa del núcleo de la Tierra por la relación silicato/aleación de Abee [64] se obtuvo la masa de la envoltura de silicato que debe rodear el núcleo. Encontré que el radio de esa capa de silicato se corresponde en un 1% con la ubicación del límite sísmico que separa el manto inferior del manto superior [65]. Por tanto, las proporciones de masa de las envolturas internas de la Tierra (núcleo interno, núcleo total, manto inferior) deberían coincidir con las del meteorito de condrita enstatita de Abee, y así es, como se muestra en la Tabla 1.

Más tarde, me di cuenta de que el calcio y el magnesio, elementos adicionales en el núcleo con alta afinidad por el oxígeno, se combinarían con el azufre para formar sulfuro de calcio (CaS) y sulfuro de magnesio (MgS), respectivamente, y flotarían hacia la parte superior del núcleo. Estos componentes también se pueden relacionar con partes de la Tierra por relaciones de masas, como se muestra en la Tabla 1; para más detalles, véase [8].

Tabla 1. Comparación de los ratios fundamentales de masa de la Tierra con los ratios correspondientes de la condrita enstatita Abee.

Ratio Fundamental de la Tierra	Valor del Ratio de la Tierra	Valor del Ratio Abee e. c.
Masa del manto inferior a Masa total del núcleo	1.49	1.43
Masa del núcleo interno a Masa total del núcleo	0.052	teóricamente 0.052 si Ni_3Si 0.057 si Ni_2Si
Masa del núcleo interno a Manto inferior + masa total del núcleo	0.021	0.021
D" Masa a Masa total del núcleo	0.09	0.11
ULVZ de la masa de D" CaS a Masa total del núcleo	0.012	0.012

Las relaciones de proporción de masa, mostradas en la Tabla 1, son una prueba convincente de que el 82% del interior de la Tierra (manto inferior más núcleo) se parece a una condrita enstatita. Además, las relaciones de proporción de masa del sulfuro de calcio y del sulfuro de magnesio resuelven otro problema con el que los geocientíficos han luchado durante décadas.

Desde 1938, los sismólogos han observado "asperezas" o "islas de materia" en la interfaz entre el núcleo y el manto inferior [66-68] que los geocientíficos intentan explicar de diversas maneras como si se originaran por encima del núcleo [69-71]. Por el contrario, las relaciones de proporción de masa, mostradas en la Tabla 1, proporcionan pruebas convincentes de que las "islas de materia" en el límite entre el núcleo y el manto se originan en el interior del núcleo. Además, la totalidad de las relaciones de la Tabla 1 indica claramente que la endosfera, núcleo más manto inferior [59], se parece mucho a la condrita Abee. En la figura 2.8 se muestra una representación esquemática de las capas interiores de la Tierra coherente con la tabla 1.

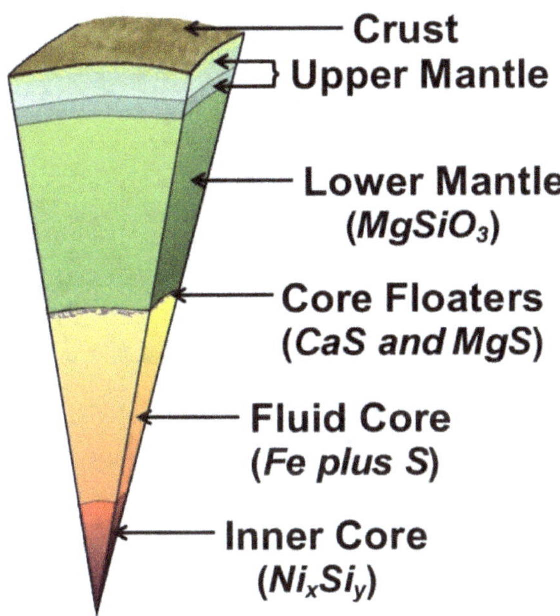

Figura 2.8. Representación esquemática de las partes interiores de la Tierra según las relaciones de ratio de masas mostradas en la Tabla 1. Para más detalles, véase [72].

En un artículo publicado en *Naturwissenschaften* en 1982 [73], señalé la importancia de determinar si el uranio reside en el componente de aleación de las condritas de enstatita. Por casualidad, en 1982 Murrell y Burnett [74] descubrieron que prácticamente todo el uranio de la condrita enstatita Abee reside en su parte de aleación. Dado que el núcleo de la Tierra es prácticamente idéntico a la porción de aleación de la condrita de enstatita de Abee, según la Tabla 1, se puede deducir que una proporción muy grande del uranio de la Tierra existe en su núcleo, y no en su manto rocoso como suele suponer la comunidad geocientífica [75].

El siguiente paso en mi progresión lógica de comprensión fue darme cuenta de que el uranio del núcleo de la Tierra se asentaría en el mismo centro de la Tierra. En 1993 y en las siguientes publicaciones, apliqué la teoría del reactor nuclear de Fermi [76] para demostrar la viabilidad de una acumulación de uranio en el centro de la Tierra que funcionara como un reactor de fisión nuclear, llamado *georreactor*, como fuente de energía para el campo geomagnético [3, 17, 18] (Figura 2.9).

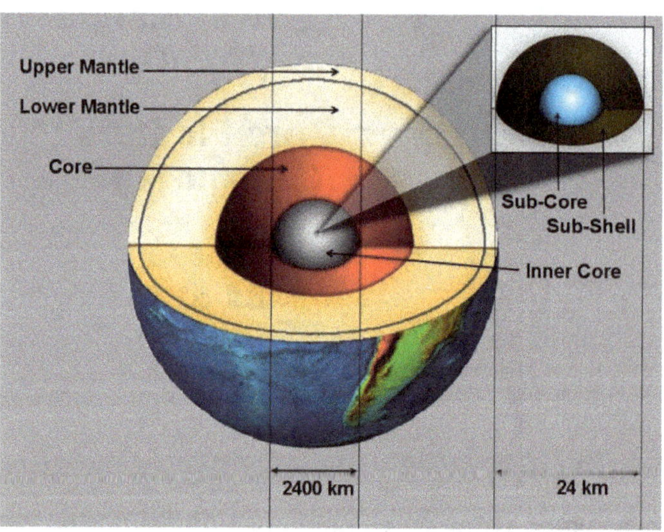

Figura 2.9. Representación esquemática del georreactor, un reactor de fisión nuclear natural planetocéntrico.

La teoría de los reactores nucleares de Fermi es útil, pero no proporciona cierta información, por ejemplo, los productos de fisión. El Laboratorio Nacional de Oak Ridge lleva décadas desarrollando programas informáticos para simular el funcionamiento de diversos reactores nucleares. Dan Hollenbach accedió amablemente a modificar ese software para permitir simulaciones de georreactores. Los datos de Oak Ridge confirmaron que el georreactor podría funcionar durante la vida de la Tierra como un reactor reproductor de neutrones rápidos y también mostraron que los productos de fisión incluyen helio-3 y helio-4 en las proporciones exactas observadas al salir de la Tierra [19, 77]. La figura 10 muestra las proporciones de helio-3 y helio-4 calculadas por el georreactor en relación con el helio atmosférico para compararlas con sus rangos observados en los basaltos oceánicos. Las proporciones medidas de helio-3 a helio-4 en los basaltos proporcionan la primera prueba independiente y convincente de la existencia de georreactores nucleares.

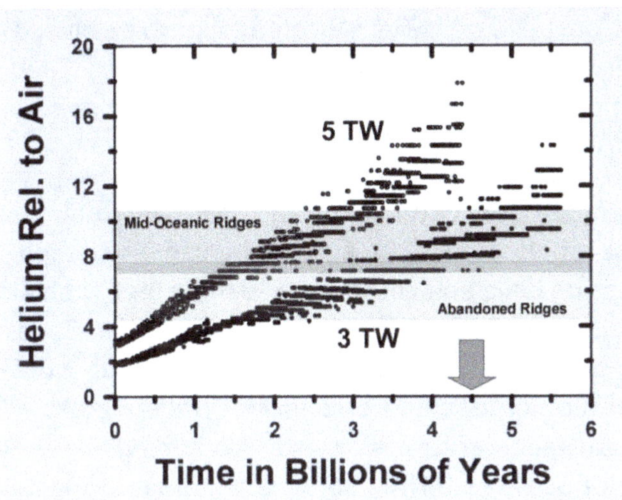

Figura 10. Datos de simulación del georreactor de Oak Ridge calculados a energías de 3 y 5 teravatios comparados con las proporciones de helio medidas en los basaltos oceánicos. Datos de [4].

En un artículo publicado en *Current Science*, el editor asociado K. R. Rao [78] señaló que un reactor nuclear en el núcleo de la Tierra es *"una solución a los enigmas de la abundancia relativa de los isótopos de helio y a la variabilidad del campo geomagnético"*. El enigma del helio al que se refiere Rao [78] es el siguiente: desde que se realizaron las primeras mediciones en la década de 1970, el ratio entre el helio 3 y el helio 4 determinado en los basaltos volcánicos oscilaba normalmente entre 4 y 49 veces el mismo ratio medido en el helio atmosférico [79-83]. Como no se conocía ningún mecanismo de producción de helio-3 en las profundidades de la Tierra en las cantidades requeridas, la comunidad geocientífica elaboró modelos computacionales de mezcla del manto basados en la suposición ad hoc de que el helio-3, primordial atrapado, se mezclaba con el helio-4 radiogénico en la proporción correcta para obtener las proporciones observadas [84-86].

La comunidad geocientífica nunca me atribuyó el descubrimiento del origen del helio de la Tierra profunda, pero dejaron de hacerse los modelos de mezcla del manto. Aunque ya en 2020, algunos geocientíficos empezaron a promover de nuevo el mismo modelo-sin sentido [87, 88].

Obsérvese que los datos del ratio de helio del georreactor mostrados en la Figura 10 aumentan con el tiempo. Algunas mediciones de helio en el basalto de Islandia muestran altos ratios de helio, de hasta 50 [89]. Para mí, las altas proporciones de helio significan que el georreactor se quedará sin combustible nuclear en algún momento aún desconocido en el futuro. En 2002, presenté un manuscrito a la revista *Proceedings of the National Academy of Sciences* (PNAS) sobre este tema. El manuscrito fue revisado y estaba a punto de ser aceptado para su publicación, cuando de repente me avisaron de que PNAS buscaba revisiones anónimas adicionales. Más tarde me enteré de lo sucedido.

El editor de PNAS ofreció al miembro de la NAS Don Anderson la oportunidad de escribir un comentario para acompañar mi artículo. Sin embargo, Anderson tenía un conflicto de intereses, ya que había publicado otra idea *ad hoc* sobre el helio [80]. En lugar de revelar su conflicto de intereses, Anderson convenció al editor jefe, un biólogo, de que mi artículo era deficiente y debía ser revisado de nuevo, por supuesto, por revisores que le debían a Anderson su pertenencia a la Academia Nacional de Ciencias (NAS). Después de dos rondas de revisiones anónimas por parte de miembros de la NAS, en las que los tres revisores no pudieron hacer ninguna crítica sustancial, me enteré de lo sucedido y le dije al Editor Jefe que la credibilidad de PNAS se había visto comprometida; el artículo se publicó finalmente en 2003 [4].

Recientemente, el Consejo de Redacción de PNAS ha ideado un medio diferente para suprimir los artículos que no quieren ver publicados. Sin ni siquiera solicitar revisiones, un miembro del Consejo Editorial de PNAS puede rechazar un manuscrito simplemente porque considera que *no tiene suficiente interés para los lectores de PNAS*". Esta respuesta seguramente hará que el presidente estadounidense Abraham Lincoln se revuelva en su tumba. El presidente Lincoln creó la NAS para proporcionar asesoramiento científico al Gobierno de los Estados Unidos.

El anterior artículo de Hollenbach y mío en el PNAS [19] atrajo el interés de Brad Lemley, que escribió el artículo de portada sobre mi trabajo para el número de agosto de 2002 de la revista *Discover*. Poco después de su publicación, se puso en contacto conmigo una becaria de los Laboratorios Bell (Lucent Technologies, Inc.). Tenía previsto impartir un seminario a la hora del almuerzo sobre el georreactor y me pidió información adicional.

Uno de los asistentes a su charla era R. S. Raghavan, que había publicado un importante artículo sobre la medición de los escurridizos y difíciles de detectar antineutrinos para determinar los elementos radiactivos en el interior de la Tierra [90]. Poco después de esa charla, Raghavan publicó en un servidor de preimpresión un artículo titulado *"Detección de un reactor de fisión nuclear en el centro de la Tierra"* [91]. Raghavan [91] demostró que el espectro de antineutrinos resultante de la fisión nuclear tiene un componente energético más alto que el de la desintegración radiactiva, lo que en principio permite discriminar el georreactor.

A pesar del historial estelar de Raghavan en física, ese artículo fue supuestamente rechazado para su publicación en dos revistas científicas, *Physical Review Letters* y *Physics Letters*. Sospecho que fue rechazado por físicos y/o geofísicos para encubrir el hecho de que durante décadas las comunidades de físicos y geofísicos han estado engañando a los funcionarios gubernamentales que financian la ciencia, a la comunidad científica y al público.

El artículo de Raghavan [91], que nunca se publicó pero sí se expuso en un archivo de física, fue oportuno y estimuló debates en todo el mundo [92-95]. Por ejemplo, científicos rusos [96] comentaron: *"La idea de Herndon sobre el georreactor situado en el centro de la Tierra, si se valida, abrirá una nueva era en la física planetaria."*

En ese momento se estaban construyendo o se estaban considerando varios detectores de antineutrinos a gran escala. El primero en llegar a la fase operativa fue el Kamioka Liquid Scintillator Antineutrino Detector (KamLAND), un proyecto conjunto de Japón y Estados Unidos.

En julio de 2005, en un artículo publicado en *Nature*, el consorcio KamLAND informó de la primera detección de antineutrinos procedentes del interior de la Tierra [97]. Pero lo que decía el artículo y lo que debería haber dicho son dos cosas completamente diferentes. En términos fáciles de entender, esto es lo que el documento debería haber dicho: *En poco más de dos años de toma de datos, se registraron un total de 152 "eventos del detector". Tras restar el fondo de los reactores nucleares comerciales y hacer correcciones por contaminación, sólo se consideró que 20-25 "eventos del detector" procedían de antineutrinos originados en la Tierra. Dentro de las limitaciones del experimento, es absolutamente imposible determinar la proporción de los que pueden haber resultado de la desintegración radiactiva del uranio y el torio, o pueden haber sido producidos desde un georreactor de fisión nuclear en el centro de la Tierra.*

En cambio, lo que hicieron los 87 autores del consorcio KamLAND fue engañar a la comunidad científica y al público en general al ignorar total e intencionadamente la posibilidad de antineutrinos producidos por georreactores. Se citó el artículo de Raghavan de 1998 sobre la medición de la radiactividad global en la Tierra [90], pero no su artículo de 2002 *"Detección de un reactor de fisión nuclear en el centro de la Tierra"* [91]. Y no había ninguna referencia a ningún documento sobre el georreactor.

La tergiversación de KamLAND en *Nature* estaba respaldada por un artículo complementario de *"News and Views"* en el mismo número [98] que discutía la producción de calor por desintegración radiactiva en la Tierra, señalando: *"El calor restante debe provenir de otros contribuyentes potenciales, como la segregación del núcleo, la cristalización del núcleo interno, la energía de acreción o los radionúclidos extintos -por ejemplo, la energía gravitacional ganada por el metal que se acumula en el centro de la Tierra, que se convierte en energía térmica, y la energía añadida por los impactos durante el crecimiento inicial de la Tierra."* No se menciona en absoluto el calor producido por los georreactores, que tiene una base científica más sólida que algunos de los "otros posibles contribuyentes" mencionados.

Para Japón, la detección de geoantineutrinos por el consorcio KamLAND debería haber sido motivo de celebración; en cambio, fue motivo de vergüenza. En lugar de enfrentarse a ideas nuevas y contradictorias, los geocientíficos estadounidenses tienen un largo y documentado historial de intentar impedir su publicación y/o simplemente ignorarlas, engañando así a los funcionarios gubernamentales que financian la investigación, a los científicos y al público. Al anunciar la detección de los geoantineutrinos, los científicos japoneses de KamLAND, en lugar de mantenerse firmes en su integridad, se convirtieron en cómplices del mismo comportamiento anticientífico estadounidense, y al hacerlo se deshonraron a sí mismos y deshonraron a Japón. Curiosamente, todo lo que se requería realmente en su documento era una frase cuidadosamente redactada con las referencias apropiadas.

A su favor, después de que me quejara ante el Ministro de Ciencia y Tecnología de Japón por la tergiversación de *Nature* en 2005, el georreactor fue citado en sus futuras publicaciones, aunque normalmente sólo una breve mención entre largos debates de modelos basados en suposiciones [99].

Veinte años después de mi primer artículo en el que demostraba la viabilidad de un reactor de fisión nuclear en el centro de la Tierra como fuente de energía para el campo geomagnético [17], se produjo un gran desarrollo y comprensión [3, 4, 6, 7, 18, 77]. No se había publicado ningún artículo de revisión sobre el georreactor, así que escribí uno y lo envié a la revista de *Elsevier GeoResJ*. El editor asignado, un profesor de geología de la Universidad de Oxford, sin formación en el tema de los reactores nucleares, rechazó el artículo de revisión, sin revisión de los árbitros, con unos cuantos comentarios injustificados y peyorativos. Me quejé al Secretario y al Vicerrector de la Universidad de Oxford, pero fue en vano.

Cuando se producen transgresiones académicas, como el rechazo injustificado de mis trabajos por parte del profesorado, suelo presentar recursos a los rectores de las universidades y, a veces, a los regentes. Pero estas apelaciones nunca tienen éxito. Las subvenciones se conceden normalmente a las universidades, no a sus profesores. Los funcionarios de la universidad, firmantes de las subvenciones del gobierno, debieran ser los que tuvieran la autoridad y debieran mantener la integridad. Pero, según mi experiencia, *nunca* es así.

He aquí un contraste de integridad intelectual: tras el rechazo de *GeoResJ*, envié el manuscrito a Current Science, que desde 1932 se publica en asociación con la Academia de Ciencias de la India. En ese caso, el editor envió el manuscrito a árbitros conocedores que pidieron aclaraciones y me solicitaron información adicional, cosa que hice. Y se publicó [11], con el título "*Terracentric Nuclear Fission Georreactor: Background, Basis, Feasibility, Structure, Evidence and Geophysical Implications*".

Los dos detectores de antineutrinos de la Tierra profunda actualmente operativos, en Kamioka (Japón) [99] y en Grand Sasso (Italia) [100], no sólo no han refutado la fisión nuclear de los georreactores, sino que, con un nivel de confianza del 95%, han medido una producción de energía de los georreactores de 3,7 y 2,4 teravatios, respectivamente. En particular, los niveles de producción de energía utilizados en los cálculos del georreactor del Laboratorio Nacional de Oak Ridge, indicados en la Figura 2.10, oscilaban entre 3 y 5 teravatios [4]. Estas mediciones de antineutrinos proporcionan la segunda prueba independiente y convincente de la existencia del georreactor nuclear de la Tierra.

LA HUMANIDAD EN PELIGRO

En 1993 y durante quince años, consideré que el georreactor era la fuente de energía que alimenta el campo magnético de la Tierra [3, 4, 17-19, 77]. Más tarde, descubrí que hay serios problemas con la idea articulada en 1939 [41] sobre la producción de geomagnetismo, y me di cuenta de que el georreactor podría servir como fuente de energía y como mecanismo de producción del campo magnético de la Tierra [11, 14, 53]; el mismo mecanismo de fisión nuclear podría explicar también los campos magnéticos de otros planetas y grandes lunas [7, 10].

En 1600, Gilbert demostró que la Tierra se parece a un imán gigante, descartando que el geomagnetismo sea de origen extraterrestre como algunos creían [37]. En 1838, Gauss demostró que la fuente del magnetismo de la Tierra está en el centro de nuestro planeta o cerca de él [38]. Sin embargo, el magnetismo de la Tierra no puede ser generado por un imán permanente porque el núcleo de aleación de hierro está demasiado caliente, ya que se encuentra por encima de la temperatura de Curie a la que desaparece la magnetización permanente. Entonces, ¿qué produce el campo geomagnético?

En 1855, Faraday publicó sus investigaciones que permitieron comprender que el movimiento de las cargas eléctricas, es decir, la corriente eléctrica, produce un campo magnético [39].

Entonces, ¿dónde podría generarse el movimiento en el centro de la Tierra o cerca de él? En 1939, Elsasser publicó una idea en el primero de varios artículos científicos [41-43] que 80 años después sigue considerándose la base científica de la explicación actualmente popular, pero incorrecta, del origen del campo geomagnético en el núcleo de la Tierra.

Elsasser asumió que el movimiento en el núcleo fluido de aleación de hierro de la Tierra estaba causado por la convección y que el fluido en movimiento, conductor de la electricidad, actúa como una dinamo, produciendo el campo geomagnético [41-43]. Se han malgastado millones de dólares de los contribuyentes en modelos computacionales que pretenden demostrar la generación del campo geomagnético por convección en el núcleo fluido de la Tierra mediante el mecanismo de Elsasser. Pero esos modelos son erróneos.

Los geofísicos académicos rara vez tienen en cuenta el aspecto más importante de la ciencia, pero que Hans E. Suess [101] suele destacar: entender lo que *no* se conoce es más importante que saber lo que se conoce. A falta de conocer cualquier otro cuerpo fluido en el centro de la Tierra o cerca de él, es sin embargo erróneo suponer simplemente que la existencia del campo geomagnético implica convección en el núcleo fluido de la Tierra. He investigado más a fondo y he descubierto que la convección térmica sostenida en el núcleo fluido de la Tierra es *físicamente imposible*.

La convección térmica es un proceso físico fácil de visualizar. Calentemos una olla de agua en la cocina y añadamos unas cuantas hojas de té. Antes de que el agua empiece a hervir, observamos que las hojas de té, arrastradas por el líquido, están en movimiento, de abajo arriba y de arriba abajo. El agua que se calienta en la parte inferior se vuelve menos densa (más ligera) y flota hacia arriba, mientras que el agua más fría y densa (más pesada) de la parte superior se hunde hacia abajo. Esto es convección térmica. ¿Igual que en el núcleo fluido? No. En efecto, no es obvio que el calor que fluye a la parte superior del agua por convección se pierda en la superficie. Para que la convección térmica se mantenga en el núcleo fluido de la Tierra, el calor vehiculado a la parte superior del núcleo debe ser eliminado rápidamente, pero eso no es posible ya que el núcleo fluido de la Tierra está rodeado por una manta aislante, el manto rocoso [8, 102].

La escasa pérdida de calor de la parte superior del núcleo no es la única razón por la que la convección térmica es físicamente imposible. El peso de la materia que se encuentra por encima comprime más la parte inferior del núcleo que la superior. La pequeñísima disminución de densidad en el fondo del núcleo, causada por el calor, es demasiado nimia para superar el mayor aumento de densidad causado por el peso de la parte superior [8, 102].

Intenté publicar esta importante contradicción a un antiguo malentendido de la geociencia en *Physical Review Letters*, que publica la American Physical Society. Mi presentación fue rechazada sin una razón científicamente válida. Apelé el rechazo hasta el editor jefe, un miembro de la NAS que, tras consultar con otro miembro de la NAS no identificado, rechazó mi manuscrito sin una base científica válida.

¿La imposibilidad física de la convección en el núcleo de la Tierra significa que Elsasser está completamente equivocado? No, sólo significa que, si el campo geomagnético es producido por la acción de la dinamo, como sugiere Elsasser, debe haber un lugar diferente en o cerca del centro de la Tierra donde la convección térmica pueda mover continuamente las cargas eléctricas. Y lo hay, como he descrito [11, 14, 53], dentro del georreactor de fisión nuclear central de la Tierra.

La figura 2.11 es una representación esquemática del georreactor terrestre en el centro de la Tierra. En la región de microgravedad cercana al centro de la Tierra, los residuos nucleares menos densos, principalmente productos de fisión y desintegración, aparecen como una subcapa líquida o de lodo por encima del subnúcleo del georreactor nuclear. El calor producido por la fisión se transporta desde el subnúcleo nuclear por convección hasta el fondo del núcleo interno, que actúa como un disipador de calor que lo elimina, permitiendo así una convección sostenida. Como he descrito, se trata de un sistema autorregulado que, como es necesario para una dinamo, produce cargas eléctricas a partir de la desintegración radiactiva. Tal y como lo imaginó Elsasser en diferentes circunstancias, el movimiento convectivo unido al movimiento de rotación de la Tierra presumiblemente da lugar a la acción de la dinamo que produce el campo geomagnético [11, 14, 53].

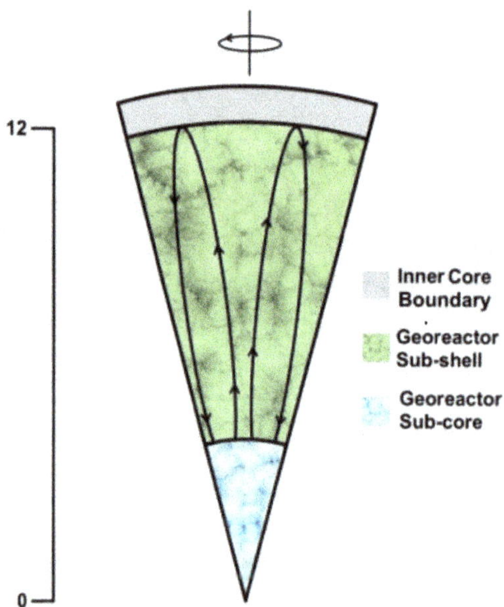

Figura 2.11. Representación esquemática del georreactor de la Tierra, no a escala. La rotación planetaria y los movimientos de los fluidos se indican por separado; no se muestra su movimiento resultante. Se espera una convección estable con la parte inferior más caliente que la superior y con la eliminación de calor por el disipador del núcleo interno en la parte superior. Escala en km.

En lugar de descubrir la verdadera naturaleza del geomagnetismo, los miembros del cártel de la geociencia han engañado a los funcionarios del gobierno, a la comunidad científica y al público. Ese engaño, basado en la generación de un campo geomagnético irreal e imposible dentro del núcleo fluido de la Tierra, ha dejado a la humanidad sin conocer las causas y sin estar preparada para las consecuencias de las reversiones y/o colapsos geomagnéticos.

El núcleo de fluido es masivo: casi un tercio de la masa de la Tierra. La masa del georreactor, en comparación, es sólo una diezmillonésima parte de la masa del núcleo. Esto significa que la interrupción de la convección de la subcápsula del georreactor, que provoca reversiones geomagnéticas y/o colapso, puede producirse con bastante rapidez [14].

Las inversiones y/o colapsos geomagnéticos, causados por la interrupción de la convección de la subcapa del georreactor, pueden ocurrir potencialmente por las siguientes razones
• Traumatismos masivos en la Tierra, por ejemplo, mediante el impacto de un asteroide;
• Eyección masiva superintensa de la corona solar;
• Alteración antropogénica del campo geomagnético, por ejemplo, mediante armas de pulso electromagnético o calentadores ionosféricos;
• Quemado del combustible nuclear del georreactor.

Williams describió algunas de las consecuencias para la humanidad y para nuestra infraestructura que podrían esperarse durante las reversiones geomagnéticas y/o el colapso [51]: *"Interrupciones generalizadas de las comunicaciones, apagones del GPS, fallos en los satélites, pérdida de energía eléctrica, pérdida del control de la transmisión eléctrica, daños en los equipos eléctricos, incendios, electrocución, degradación del medio ambiente, interrupciones de la refrigeración, escasez de alimentos, hambre y anarquía concomitante, escasez de agua potable, cierre de los sistemas financieros, interrupciones en el suministro de combustible, pérdida de ozono y aumento de los cánceres de piel, muertes cardíacas y demencia". Esta lista no es exhaustiva. Es probable que un colapso del campo geomagnético provoque muchas dificultades y sufrimiento, y que revierta potencialmente más de dos siglos de desarrollo de infraestructuras tecnológicas".*

En 2020, presenté un manuscrito a la revista *Proceedings of the Royal Society of London* en el que describía una base científica fundamentalmente nueva para entender que, además de las consecuencias adversas generalizadas descritas por Williams [51] y citadas anteriormente, las reversiones y/o colapsos geomagnéticos podrían causar también grandes desastres geofísicos, por ejemplo, desencadenando erupciones de supervolcanes. No es de extrañar que esa presentación fuera rechazada sobre la base de críticas anónimas, falsas y peyorativas, carentes de sustancia científica. Recurrí la decisión de rechazo del editor, quien, en lugar de nombrar a un editor de arbitraje, rechazó él mismo mi recurso. Entonces apelé al editor jefe, cuya experiencia incluye la meteorología espacial, pero se negó a considerar mi apelación.

En 1978, 1979, 1980 y 1994 publiqué importantes avances científicos en las Actas de la *Royal Society* de Londres [2, 18, 59, 103]. Pero parece que ya no es posible publicar en esa revista. La corrupción de la ciencia parece haber calado en la *Royal Society*, al igual que en otras Academias Nacionales, y que en muchas editoriales científicas, aunque, afortunadamente, no en todas. Los ideales nobles, como la libertad, la verdad y la preocupación por la humanidad, no son fáciles de matar, a pesar de los esfuerzos concertados para hacerlo.

CONCLUSIONES

Los grandes avances en las ciencias físicas se produjeron durante la primera mitad del siglo XX, una época de debate, discusión e integridad en la ciencia, a pesar de las graves limitaciones de financiación. Nuevos conocimientos, como la mecánica cuántica, sentaron las bases de las revoluciones tecnológicas de décadas después. Pero las circunstancias cambiaron después de la Segunda Guerra Mundial, cuando la financiación gubernamental de la ciencia civil comenzó por la Fundación Nacional de la Ciencia de Estados Unidos, cuyas políticas erróneas empezaron a corromper la ciencia [104, 105].

Después de obtener el título de doctor en química nuclear, fui invitado a aprender de dos veteranos maestros, que a su vez habían aprendido de otros maestros [106]. En consecuencia, he podido realizar varias series de avances fundamentales en diversas áreas de las ciencias físicas. En este capítulo, sólo he hablado de una serie de descubrimientos relacionados con el origen y la variabilidad del campo geomagnético. Es realmente preocupante que los geocientíficos se hayan dedicado casi universalmente a difundir el engaño sobre mis sólidos avances científicos, eligiendo especialmente ignorarlos en lugar de intentar refutarlos. La humanidad merece más.

3 NUEVO PARADIGMA GEOLÓGICO Y GEODINÁMICO

Los dirigentes gubernamentales y los educadores dependen de los científicos para describir con veracidad, según sus conocimientos, el funcionamiento de los procesos de la Tierra pero también para advertir de los peligros naturales y antropogénicos relativos al medio ambiente y a la biota terrestre. Hace cien años, cuando prácticamente no había apoyo gubernamental a la ciencia, los propios científicos mantenían la integridad científica. Pero después de la Segunda Guerra Mundial, el exceso de apoyo gubernamental a la ciencia, unido a procedimientos erráticos de financiación y administración, condujo progresivamente a la corrupción de la ciencia [104, 107].

Aproximadamente una década antes de que obtuviera el título de doctor en química nuclear en 1974, habían comenzado a producirse cambios en las ciencias físicas. En lugar de hacer descubrimientos, conectados lógica y causalmente con las propiedades de la materia y la radiación, los científicos empezaron a hacer modelos fenomenológicos que pretenden describir las relaciones empíricas de los fenómenos entre sí [106]. Dichos modelos se basan normalmente en suposiciones *ad hoc*, emplean cálculos informáticos y parámetros preseleccionados para obtener un resultado deseado *a priori*. Aunque un modelo pueda parecer que emula algún aspecto de la naturaleza, no hay certeza de que la naturaleza se comporte de la manera modelada. Como señala Box [26], todos los modelos son erróneos, pero algunos son útiles, por ejemplo, los modelos que pueden predecir la trayectoria de los huracanes.

Cuando surge una nueva idea u observación en la ciencia, los científicos deben intentar refutarla. Si no pueden refutarla, deben citarla en publicaciones posteriores sobre el tema. Así es como progresa la ciencia y debe progresar, para ser fiable.

En los últimos 45 años, he realizado descubrimientos científicos fundamentales que han supuesto varios cambios de paradigma en la geociencia. Pero estos avances han sido sistemáticamente ignorados, y a veces suprimidos, por científicos financiados por el gobierno que funcionan como los miembros de un cártel. Aquí describo un paradigma fundamentalmente nuevo e indivisible que explica el origen y el comportamiento de la Tierra de forma lógica y causalmente relacionada, basándose en las propiedades fundamentales de la materia y la radiación. Los avances que aquí se documentan sirven de referencia para comparar y evaluar el modelo sin sentido que han publicado durante décadas los científicos financiados por el gobierno.

MODELOS FENOMENOLÓGICOS SIN SENTIDO

En 1897, Chamberlain [108] expuso una nueva hipótesis para la formación planetaria. En 1900, Moulton [109] modificó esa hipótesis, que se convirtió en *la teoría planetesimal* de Chamberlin-Moulton *de la formación planetaria* [110] y que explicaba la formación planetaria por acumulación de cuerpos pequeños.

A partir de 1963, *la teoría de los planetesimales* se convirtió en la base de los modelos fenomenológicos [111-114] que, en conjunto, pasaron a ser conocidos por sus adeptos como *el modelo estándar de la formación del sistema solar* [115-117]. En aquella época se creía erróneamente que la Tierra se parecía a un meteorito de condrita ordinario. El modelo suponía que los minerales de una condrita ordinaria se condensaban a partir de la materia primordial, un gas caliente de la composición del sol a muy baja presión (una diezmilésima parte de la presión del aire que respiramos) [114, 118]. A continuación, el condensado se aglutinó progresivamente conformando rocas más grandes, cantos rodados, planetesimales y, finalmente, planetas [112, 113]. Pero el condensado aglutinado era una mezcla homogénea de hierro y silicato-roca y todos los planetas tienen núcleos de hierro. Así que, sin pruebas que lo corroborasen, para explicar los núcleos planetarios, el modelo estándar asumió la fusión de todo el planeta con un océano de magma que permitía que el metal de hierro fundido más denso se drenara hacia el centro del planeta [119, 120].

Los creadores de modelos fenomenológicos no suelen atenerse a los principios científicos de siempre. Por ejemplo, en un artículo publicado en las Actas de *La Royal Society of London* [103], utilicé consideraciones termodinámicas para demostrar que, bajo la supuesta composición de gas caliente y de baja presión de la fotosfera del sol, el condensado estaría totalmente oxidado (contrariamente a los minerales encontrados en las condritas ordinarias) y no contendría metal en los núcleos planetarios. Mi trabajo fue ignorado por los creadores del modelo.

Normalmente, los modelos se componen de capas de suposiciones *ad hoc*, cuyas consecuencias pueden llevar a menudo a cometer absurdeces en nombre de la *"ciencia"*. Consideremos los planetas de nuestro sistema solar que se muestran en la figura 3.1.

Figura 3.1. Las imágenes superiores muestran los tamaños relativos de los planetas de nuestro sistema solar. Sus distancias relativas se muestran en el gráfico inferior.

Los cuatro planetas interiores son rocosos, mientras que los cuatro exteriores, los *gigantes gaseosos*, contienen abundantes cantidades de hielos y gases. A falta de pruebas que lo corroboren, ¿cómo explicaba estas diferencias el modelo estándar de formación del sistema solar? Simplemente se suponía que durante la condensación primordial había un gradiente de temperatura en todo el sistema solar con una supuesta *línea de congelación* entre Marte y Júpiter. Más allá de la línea de congelación, las temperaturas eran lo suficientemente bajas como para permitir la condensación de hielos y gases, pero dentro de la línea de congelación, las temperaturas eran demasiado altas para que los hielos y los gases se condensaran, por lo que sólo podía condensarse el material rocoso.

A finales de la década de 1990, los astrónomos descubrieron exoplanetas que orbitaban alrededor de otras estrellas. Algunos de estos exoplanetas eran gigantes gaseosos situados tan o más cerca de sus estrellas como la Tierra del Sol. ¿Cómo pudieron entonces formarse? Para explicar esta anomalía, los astrofísicos inventaron el concepto de *migración de planetas*, en el que se suponía que los exoplanetas gigantes gaseosos se habían formado en las regiones exteriores de sus sistemas estelares, y luego habían migrado hasta donde se observan actualmente [121].

En 2006, envié una breve carta a *Astrophysical Journal Letters* titulada "Evidencia contraria al concepto de migración de exoplanetas existente". Las pruebas que presenté eran históricas, interdisciplinarias e independientes del modelo. Esa carta fue rechazada de plano [122]. La supresión de la publicación de las pruebas que entraban en conflicto con una nueva teoría no cuestionada permitió que la teoría de la migración planetaria se convirtiera en parte del sinsentido oficial de la astrología, no de la ciencia [123, 124].

El descubrimiento de exoplanetas cercanos a las estrellas y gigantes gaseosos debiera haber sido una invitación a realizar nuevos hallazgos y haber hecho que los astrofísicos se preguntaran: "¿qué chirría en esta imagen?". Si se hubieran planteado preguntas básicas que pusieran a prueba su problemática suposición, podrían haberse dado cuenta de los fallos de sus modelos y haber avanzado científicamente [27].

NATURALEZA DE LA FORMACIÓN DE LA TIERRA

Los meteoritos que llegan a la Tierra desde el espacio pueden clasificarse en grupos en función de su composición química. Los miembros de un grupo, llamados *condritas*, son especiales porque sus diferentes elementos químicos no volátiles no se han separado de forma apreciable desde su origen en un gran horno nuclear. Por lo tanto, proporcionan conocimientos útiles sobre los procesos en el sistema solar en el momento en que se formaron los planetas [125-127]. Sin embargo, existe una complicación.

- Hay tres subgrupos de meteoritos de condrita que difieren mucho en sus componentes minerales, porque su materia madre se formó en condiciones muy diferentes, que controlaron la cantidad de oxígeno disponible durante la formación:

• *Condritas ordinarias*

• *Condritas carbonáceas*

• *Condritas Enstatitas*

Teniendo en cuenta las consideraciones termodinámicas, determiné que las abundantes condritas ordinarias no podrían haberse formado en el entorno rico en hidrógeno que se cree que prevaleció durante su condensación primordial [103, 128, 129], sino que deben tener orígenes diferentes [10].

Las raras condritas carbonosas primitivas, ricas en oxígeno, carecen de metal [130, 131] y no podrían haber formado planetas con núcleos metálicos de hierro.

La materia a partir de la cual se formaron las raras y primitivas condritas de enstatita carentes de oxígeno fue un enigma hasta 1976, cuando Suess y yo [58] demostramos que la condensación primordial a altas temperaturas y altas presiones (10-1000 veces la presión del aire que respiramos) conduciría al nivel de carencia de oxígeno encontrado en una condrita de enstatita, siempre que su materia madre estuviera aislada de los gases a temperaturas más bajas.

FORMACIÓN DE PLANETAS PROTOPLANETARIOS

En 1755, Kant [132] expuso una hipótesis sobre el origen del sol y los planetas que fue modificada por Laplace [133] cuatro décadas después. La hipótesis de la nebulosa de Laplace fue la precursora de la moderna teoría protoplanetaria de la formación de planetas, en la que se cree que los planetas se forman dentro de protoplanetas gaseosos gigantes. La teoría protoplanetaria atrajo la atención científica en las décadas de 1940 y 1950 [134-136], pero fue abandonada e ignorada por los creadores de modelos fenomenológicos a principios de la década de 1960, que favorecieron la teoría planetesimal.

En 1944, Eucken [134] publicó un artículo científico titulado "*Physikalisch-chemische Betrachtungen ueber die frueheste Entwicklungsgeschichte der Erde*" [Consideraciones físico-químicas sobre la historia más temprana del desarrollo de la Tierra]. Considerando conceptos termodinámicos, Eucken investigó la condensación, a partir de un gas, de la composición de la parte exterior del sol, mayoritariamente hidrógeno y helio, pero que contiene pequeñas cantidades de casi todos los elementos químicos, que se cree se asemejan a la materia primordial a partir de la cual se formaron los planetas. Eucken demostró que el primer condensado primordial a partir de un gas de composición solar que se enfría a altas presiones, sería hierro fundido a altas temperaturas; seguido a temperaturas más bajas por minerales de silicato, y a temperaturas aún más bajas, por gases y hielos. En otras palabras, al condensarse desde el interior de un gigantesco protoplaneta gaseoso, la formación de la Tierra comenzó con una lluvia de metal de hierro líquido para formar su núcleo, seguida de la condensación de minerales para formar su manto.

Treinta y dos años más tarde, al investigar la condensación del material parental de las enstatitas, Suess y yo [58] confirmamos de forma *independiente* los cálculos de Eucken. El siguiente paso fue demostrar que el núcleo y el manto inferior de la Tierra son esencialmente idénticos, respectivamente, a las porciones de aleación y silicato de una condrita de enstatita. Utilizando ratios de masa, relacioné partes de la condrita de enstatita de Abee con partes de la Tierra [8, 59, 73, 137]. Estas relaciones de ratios de masas se muestran en la Tabla 1, duplicada del Capitulo 1. Para más detalles, véase [8].

Tabla 1. Comparación de los ratios fundamentales de masa de la Tierra con los ratios correspondientes de la condrita enstatita Abee.

Ratio Fundamental de la Tierra	Valor del Ratio de la Tierra	Valor del Ratio Abee e. c.
Masa del manto inferior a Masa total del núcleo	1.49	1.43
Masa del núcleo interno a Masa total del núcleo	0.052	teóricamente 0.052 si Ni_3Si 0.057 si Ni_2Si
Masa del núcleo interno a Manto inferior + masa total del núcleo	0.021	0.021
D″ Masa a Masa total del núcleo	0.09	0.11
ULVZ de la masa de D″ CaS a Masa total del núcleo	0.012	0.012

Relacionar partes de la Tierra con la materia parental de las condritas de enstatita, y la materia parental carente de oxígeno de las condritas de enstatita con la condensación primordial a altas temperaturas y a altas presiones, vincula la formación de la Tierra con la condensación a alta temperatura y a alta presión desde el interior de un protoplaneta gaseoso gigante que comenzó con la lluvia de metal de hierro líquido formando el núcleo, seguida de la condensación de los minerales del manto de la Tierra.

En 2011, la nave espacial en órbita MESSENGER de la NASA aportó importantes imágenes de características únicas del planeta Mercurio que eran inexplicables para los cientiticos de la NASA. Muchas de las imágenes revelaron "... *una forma de terreno inusual en Mercurio, caracterizada por depresiones de forma irregular, poco profundas y sin borde, comúnmente en grupos y en asociación con material de alta reflectancia .... lo que sugiere actividad*" [138] (Figura 3.2).

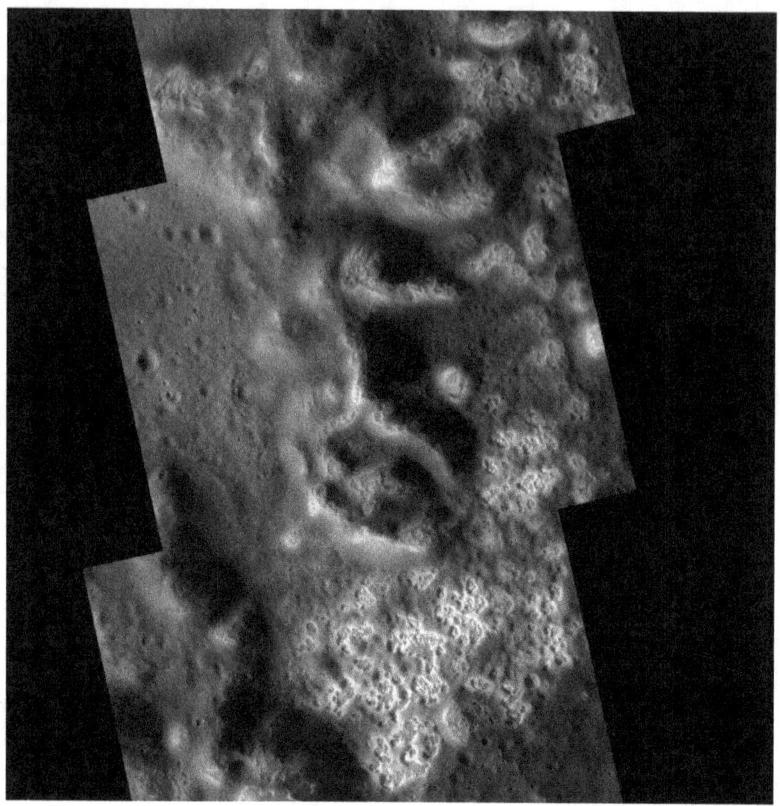

Figura 3.2. Imagen del MESSENGER de la NASA que muestra fosas rodeadas de material brillante. Estas depresiones brillantes y poco profundas parecen haberse formado por materia volátil emanada desde el interior del planeta.

En 2012, publiqué una explicación científica para las anomalías observadas en la superficie de Mercurio [9]. Durante su formación, el núcleo de hierro de Mercurio, al condensarse y dispersarse como líquido a altas presiones y temperaturas desde el interior de lo que era un gigantesco protoplaneta gaseoso, disolvió una cantidad considerable de hidrógeno, ya que el hidrógeno es bastante soluble en el hierro líquido. Cuando el núcleo de Mercurio se solidificó, el hidrógeno se disipó y salió de la superficie como géiseres de hidrógeno, formando el brillante metal de hierro que lo rodea al convertir el sulfuro de hierro relativamente poco reflectante en metal de hierro altamente reflectante.

La figura 3.3 muestra la relación entre la condensación y el hidrógeno disuelto. Para las presiones de gas hidrógeno indicadas (eje vertical izquierdo) y las temperaturas, la curva roja muestra el límite entre el hierro líquido y el hierro gaseoso en una atmósfera como la de la parte exterior del sol. En el eje vertical derecho puede verse, para cada punto de temperatura/presión a lo largo de la curva roja, la cantidad de hidrógeno disuelto en el hierro fundido, indicada por la curva azul. Como referencia, las líneas verdes unen estos puntos correspondientes. Las unidades de volumen de hidrógeno, a STP (temperatura y presión estándar), son iguales al volumen del planeta Mercurio.

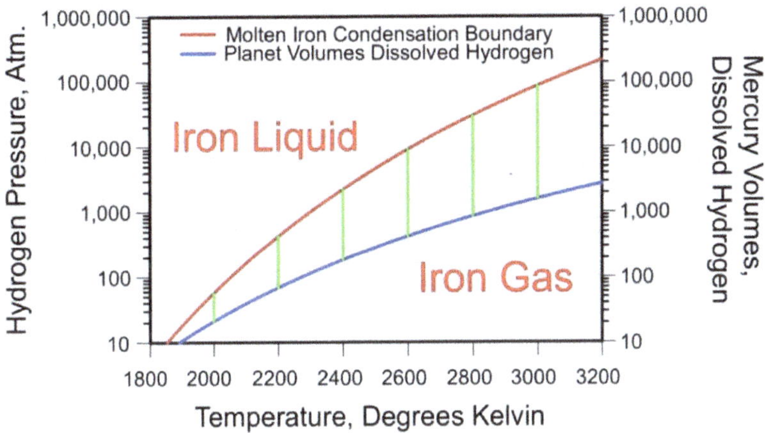

Figura 3.3. Al condensarse a partir de un gigantesco protoplaneta gaseoso a presiones superiores a 10 atm., el núcleo de Mercurio era inicialmente líquido y contenía copiosas cantidades de hidrógeno disuelto. Para más detalles, véase [9].

ELIMINACIÓN DE LOS HIELOS Y GASES DEL PLANETA INTERIOR

Si los planetas se formaron a partir de protoplanetas gaseosos gigantes, cual indican pruebas convincentes, ¿cómo se perdieron los gases de los planetas interiores (pero no de los exteriores)?

Hay un breve periodo de actividad violenta, llamado fase T-Tauri, que se produce durante las primeras etapas de la formación estelar y se caracteriza por grandes erupciones y un "viento solar" superintenso. En la figura 3.4 se muestra una imagen del telescopio espacial Hubble de una estrella binaria T-Tauri en erupción. La media luna blanca marca el borde delantero del penacho de una observación realizada cinco años antes.

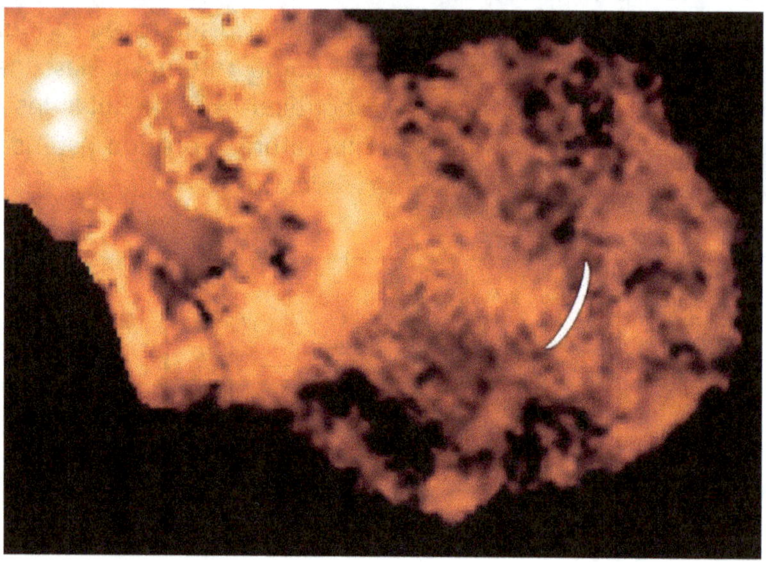

Figura 3.4. Imagen del Telescopio Espacial Hubble de un estallido T-Tauri de la binaria XZ-Tauri en 2000. La media luna blanca muestra el borde delantero del penacho en 1995.

Yo sostengo que un estallido T-Tauri de nuestro sol despojó de gas a todos los planetas interiores, e incluso despojó de parte del material protoplanetario incompletamente condensado de Mercurio, y lo depositó entre Marte y Júpiter, donde contribuyó a la formación del cinturón de asteroides [10, 129].

DISONANCIA COGNITIVA GEOFÍSICA

El aparente "encaje" de las costas continentales transoceánicas (América del Sur con el oeste de África; América del Norte con el oeste de Europa), la coincidencia de los fósiles de *Mesosaurus* en

Brasil y los de Ghana, y la coincidencia de los sedimentos, incluidos los estratos de los yacimientos de carbón depositados en el Carbonífero, tanto en Europa como en América del Norte, llevaron a Wegener [139] en 1912 a concluir que estos continentes estaban unidos hace unos 330 millones de años en el supercontinente Pangea, que se separó y se desplazó por el océano circundante en forma de continentes e islas, alcanzando sus ubicaciones actuales en tiempos recientes. Cincuenta años más tarde, tras el descubrimiento de las estrías magnéticas del fondo oceánico, los geocientíficos refundieron la *deriva continental* en la teoría de la *tectónica de placas*, basada en la idea de que las "placas" continentales se mueven por la superficie de la Tierra montadas sobre supuestas células de convección del manto [140], algo físicamente imposible porque el aumento de densidad, causado por la compresión debida al peso superior, es demasiado grande para ser superado por la expansión térmica [8, 32].

En 1933, entre los inicios de la teoría de la *deriva continental* y la *tectónica de placas*, Hilgenberg [141] tuvo una idea diferente. Imaginó que en algún momento del pasado, la Tierra era más pequeña, su superficie estaba completamente cubierta de materia continental, que luego se expandió, dando lugar a la separación de los continentes. La teoría de la *expansión de la Tierra* tenía sus adeptos [142], pero había problemas. Se necesitan enormes cantidades de energía para la expansión planetaria [143, 144]; además, la mayoría de los fondos oceánicos de la Tierra no tienen más de 200 millones de años. En 1982, Scheidegger [21] afirmó: *"de ser cierta la expansión a la escala postulada, hay que encontrar una fuente de energía completamente desconocida"*. En 1993 y 2005, descubrí dos fuentes de energía desconocidas, la energía de fisión nuclear de los georreactores [3, 4, 11, 14, 17-20, 22] y la energía almacenada de la compresión protoplanetaria [5, 10, 145]. Con este conocimiento, expuse la *Dinámica de descompresión de toda la Tierra* [5, 8, 146], y resolví la disonancia cognitiva geofísica de las teorías aún dominantes de la tectónica de placas y la deriva continental.

DINÁMICA DE DESCOMPRESIÓN DE TODA LA TIERRA (WEDD)

La fuente de energía primaria para la geodinámica y de la energía de fisión nuclear suplementaria, son consecuencia directa de la formación protoplanetaria de nuestro planeta como gigante gaseoso similar a Júpiter.

La condensación primordial a altas presiones y temperaturas dio lugar a una materia elemental carente de oxígeno dentro de la Tierra, incluyendo el uranio que se concentró en el centro de la Tierra y funcionó como un reactor de fisión nuclear [3, 4, 6, 11, 14, 17-20, 22, 77].

La completa condensación y agregación primordial de la Tierra dio lugar a la formación de un planeta gigante gaseoso similar a Júpiter, cuyo interior rocoso estaba rodeado por 300 masas terrestres de hielos y gases. En el centro, el interior rocoso del planeta con su núcleo fluido se comprimió, por el peso de estos hielos y gases, hasta aproximadamente dos tercios del diámetro actual de la Tierra.

Cuando el Sol entró en su fase T-Tauri, presumiblemente durante el encendido de sus reacciones de fusión termonuclear, los gases y los hielos desaparecieron de la Tierra, dejando tras de sí un planeta rocoso comprimido con una corteza contigua desprovista de cuencas oceánicas [5, 27, 145, 147] (Figura 3.5).

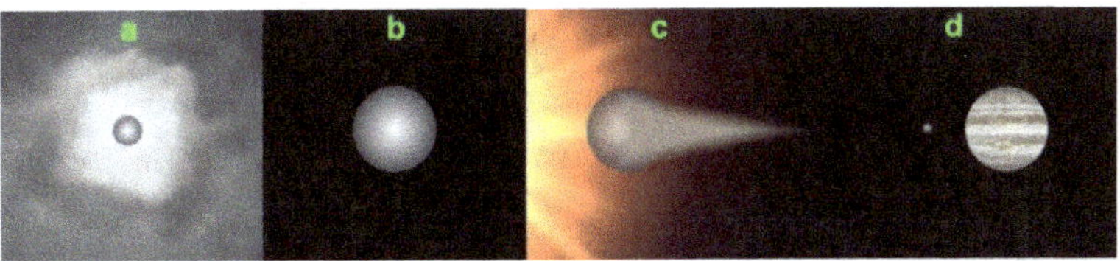

Figura 3.5. *Formación de la Tierra mediante la dinámica de descompresión*. De izquierda a derecha, en la misma escala: a) La Tierra condensándose en el centro de su protoplaneta gigante gaseoso; b) La Tierra, un planeta gigante gaseoso completamente condensado; c) Los gases primordiales de la Tierra siendo absorbidos por las erupciones solares T-Tauri; d) La Tierra al inicio del eón Hadeano, comprimida a dos tercios de su diámetro actual mostrando a Júpiter para comparar su tamaño.

Durante la compresión protoplanetaria por unas 300 masas terrestres de hielos y gases, se perdió el calor de la compresión. Tras la eliminación del gran peso de los hielos y gases por las incipientes erupciones solares T-Tauri, la Tierra, al comienzo del eón Hadeano, estaba comprimida a unos dos tercios de su diámetro actual, completamente rodeada por una corteza rígida (continental) sin cuencas oceánicas, y conteniendo una enorme fuente de energía, la energía protoplanetaria de compresión almacenada.

¿Cómo era la Tierra en ese momento? Su núcleo ya se había formado; de hecho, el núcleo fue la primera parte de la Tierra en formarse. La corteza, y quizás el manto superior, estaba inicialmente bastante fría, ya que se había formado justo antes de que el Sol se encendiera y eliminara 300 masas terrestres de gases primordiales mediante un viento solar superintenso, que puede haber enfriado aún más la corteza. En las últimas etapas de la formación de la Tierra debió de producirse un intenso bombardeo por parte de meteoritos y cometas, que emplazó hierro y elementos afines del hierro, como el níquel, en el manto superior y en la corteza.

Una vez que los gases y hielos primordiales hubieran

desaparecido de la superficie rocosa de la Tierra, y que finalizara la violenta fase T-Tauri, comenzó a acumularse el agua traída a la superficie de la Tierra por los cometas; quizás el agua fue traída por los pequeños cometas descritos por Frank [148, 149], que según él siguen trayendo agua a la Tierra hoy en día. Las erupciones volcánicas también pueden haber aportado agua. En ausencia de cuencas oceánicas profundas, los mares interiores acabaron cubriendo gran parte de la superficie terrestre. En consecuencia, dentro de los continentes [150] encontramos los rasgos oceánicos, como los basaltos almohadillados procedentes de erupciones volcánicas submarinas, y los depósitos de piedra de hierro estriada (Figura 3.6),

Figura 3.6. Piedra de hierro estriada de América del Norte, formada hace 2.100 millones de años, presumiblemente durante un período de transición de menos oxígeno disponible a más oxígeno disponible. Fotografía cortesía de André Karwath.

Mientras tanto, las presiones aumentaban en las profundidades de la Tierra. De vez en cuando se producía una "explosión". La presión obligaba a un chorro de materia, procedente de una profundidad de unos 150 km, a perforar un estrecho agujero de unos pocos metros de diámetro a través de toda la roca suprayacente para explotar en la superficie en forma de embudo de hasta 200 metros de ancho [151]. Sin embargo, las erupciones de estos conductos de kimberlita diamantíferos eran sólo acontecimientos esporádicos.

Las grandes violencias geológicas catastróficas se repetirían una y otra vez, ya que la descompresión de toda la Tierra dividió la corteza continental, creó nuevas cuencas oceánicas, produjo cordilleras caracterizadas por el plegamiento y provocó la extinción generalizada de especies.

El comportamiento de la Tierra, descrito por la *Dinámica de descompresión de toda la Tierra* [5, 8, 145, 146, 152], es la base de prácticamente toda la geología y geodinámica de superficie.

A pesar de poseer las dos poderosas fuentes de energía necesarias para la descompresión, la energía almacenada de la compresión protoplanetaria y la energía de fisión nuclear, varios factores impidieron descompresión de toda la Tierra. Para que la descompresión progrese, es necesario añadir calor con el fin de sustituir el calor perdido por la compresión. Si no se añadiera calor, la descompresión provocaría un enfriamiento impidiendo la misma. La velocidad relativa de la descompresión también depende de la *reología*, la forma en que la materia responde a la deformación. Además, se requiere una presión mucho mayor para iniciar las grietas que para extenderlas posteriormente en la corteza rígida.

La energía de fisión nuclear y la energía de desintegración de los núclidos radiactivos dentro de la Tierra proporcionan suficiente calor para sustituir el calor perdido por la compresión protoplanetaria. A medida que avanza la descompresión, la superficie de la Tierra responde de dos maneras fundamentales, aumentando la superficie y alterando la curvatura de la misma.

Tal y como se describe en la *Dinámica de la Descompresión de toda la Tierra* [5], durante la descompresión de toda la Tierra, a medida que el volumen de la tierra aumenta, su superficie se incrementa por la formación de grietas de descompresión. Las *grietas de descompresión primaria* con fuentes de calor subyacentes extraen roca basáltica caliente, que fluye de forma gravitacional hasta caer y rellenar las grietas de *descompresión secundaria* que carecen de fuentes de calor.

Las cadenas de volcanes que forman el sistema de dorsales oceánicas, que rodean la superficie de la Tierra como las costuras de una pelota de béisbol (Figura 3.7), representan un importante sistema de grietas de descompresión primaria. El basalto extruido de estos volcanes forma nuevos fondos marinos y fluye de forma gravitacional a través de las cuencas oceánicas hasta que cae y rellena las grietas de descompresión secundaria que suelen estar situadas en los márgenes continentales. Entre los ejemplos más destacados de grietas de descompresión secundaria se encuentran las fosas circumpacíficas.

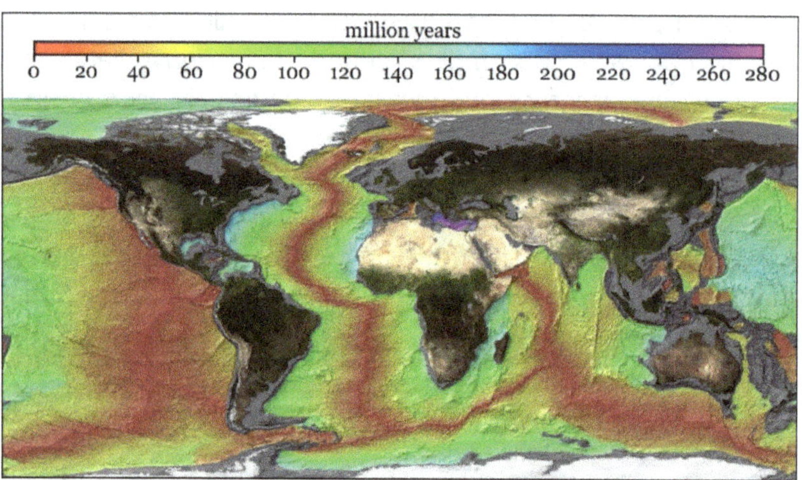

Figura 3.7. Imagen de la Administración Nacional Oceánica y Atmosférica de EE.UU. que muestra las edades del basalto del fondo oceánico extruido de los volcanes del sistema de dorsales oceánicas.

La Dinámica de descompresión de toda la Tierra [5] explica las innumerables características geológicas submarinas, normalmente atribuidas a la teoría de la tectónica de placas, sin requerir una convección del manto físicamente imposible *[8]*. Además, la *Dinámica de la Descompresión de toda la Tierra [5]* explica las fosas oceánicas, inexplicables en la tectónica de placas, como grietas de descompresión secundaria parcialmente rellenas.

Tal y como describe la *Dinámica de la Descompresión en toda la Tierra [5]*, durante la descompresión en toda la Tierra, a medida que el volumen de ésta aumenta, debe cambiar su curvatura superficial. La manera en la que se produce la alteración de la curvatura de la superficie, ilustrada en la Figura 3.8, explica, de forma lógica y causalmente relacionada, las principales características geológicas de la Tierra, incluidas las cadenas montañosas caracterizadas por el plegamiento [152], los fiordos y los cañones submarinos [12].

Figura 3.8. Izquierda: ejemplo de plegado de montaña; centro: necesidad de cambiar la curvatura de la superficie durante la descompresión de toda la Tierra. La Tierra no descomprimida está representada por la naranja, mientras que la Tierra más grande, descomprimida, está representada por el melón. Obsérvese que las curvaturas no coinciden. Derecha: dos mecanismos de cambio de curvatura relacionados con la causa, que dan lugar naturalmente a un cambio de curvatura de la superficie, a saber: el ajuste de la curvatura mayor mediante pliegues, y el ajuste de la curvatura menor mediante desgarros del perímetro continental.

WEDD: ORIGEN DE LAS CORDILLERAS PLEGADAS

El origen de las cadenas montañosas caracterizadas por el plegamiento (Figura 3.9), que se encuentran entre los rasgos geológicos más conspicuos de la Tierra, no se ha explicado correctamente con anterioridad, aunque Dana [153], La Conte [154], Suess [1], Kossmat [155], y otros, lo intentaron.

Figura 3.9. El Monte Everest en la cadena de montañas plegadas del Himalaya.

El origen de las cadenas montañosas caracterizadas por el plegamiento es una consecuencia natural de la *Dinámica de descompresión de toda la Tierra* [152]. El aumento del volumen planetario da lugar a un exceso de materia superficial en los perímetros continentales que se formaron cuando el volumen de la Tierra era menor. Como se ilustra en la Figura 3.8, la gravedad hace que el exceso de materia superficial continental se doble, caiga y se rompa, formando así cordilleras caracterizadas por el plegamiento [152]. En menor medida, el exceso de materia superficial continental provoca descompresión-estrés-desgarros alrededor de los bordes continentales, lo que da lugar a la formación de fiordos (canales largos, profundos y estrechos; véase la figura 3.10), así como de cañones submarinos [12].

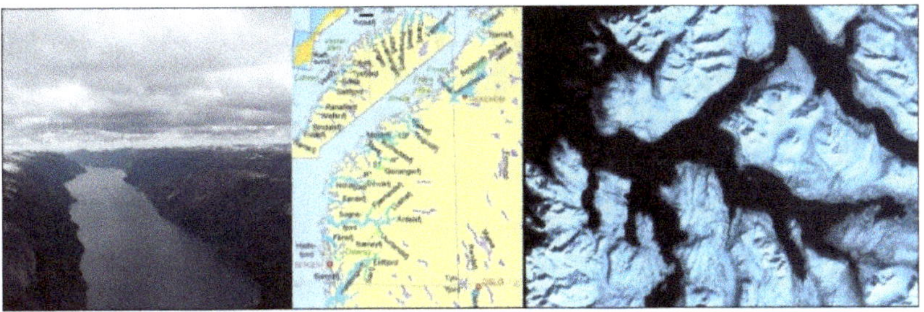

Figura 3.10. (de izquierda a derecha) Foto de Lysefjord, Noruega, cortesía de Snorre; mapa noruego que muestra los fiordos; foto satélite de los fiordos del norte de Noruega.

CICLOS FICTICIOS DE SUPERCONTINENTES

Cuando los científicos intentan describir los fenómenos, acontecimientos o procesos naturales dentro del marco vinculante de un paradigma problemático, las explicaciones que ofrecen suelen ser más complejas, si no físicamente imposibles, que las explicaciones subsiguientes, realizadas dentro de un paradigma más nuevo y correcto. En la teoría de la tectónica de placas, se cree que la formación de montañas se debe a la colisión de continentes [31], ya que se supone que las placas se mueven alrededor del globo montadas sobre las llamadas células de convección del manto que desafían las leyes de la física [8]. Dentro de esta creencia, los descubrimientos de cadenas montañosas más antiguas que la supuesta formación de Pangea hicieron necesaria la invención de ciclos ficticios de supercontinentes [32], como se ilustra en la Figura 3.11.

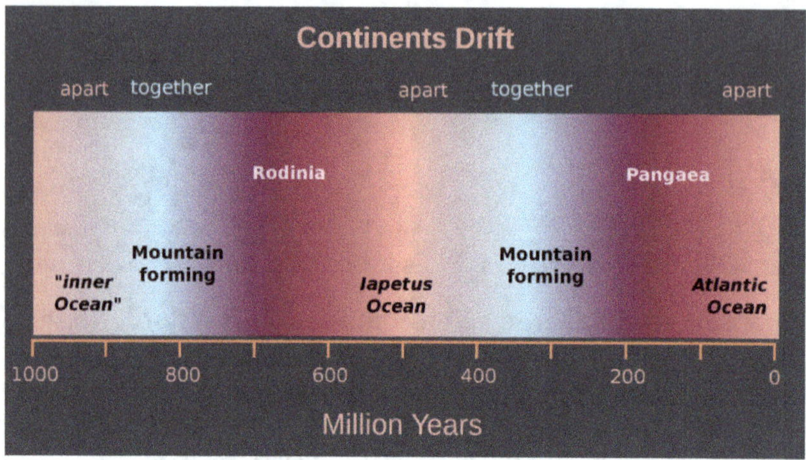

Figura 3.11. Ilustración que muestra la idea ficticia de la tectónica de placas de los ciclos de supercontinentes. Cortesía de Hannes Grobe. Duplicado del capítulo 2.

En la tectónica de placas surge un problema similar en cuanto a las mediciones del magnetismo de las rocas. Las falsas determinaciones de paleolatitud del magnetismo de las rocas llevaron a pensar que las rocas de un lugar (por ejemplo, la isla de Vancouver, Canadá) habían adquirido su magnetismo en un lugar diferente (Baja California, México) [156]. El problema con las mediciones magnéticas de paleolatitud, como descubrí [157], es que se basan en la falsa suposición de que el diámetro de la Tierra no ha cambiado con el tiempo.

WEDD: TRANSPORTE DE CALOR

La energía almacenada de la compresión protoplanetaria, tal y como se ha descrito anteriormente, proporciona la energía para la descompresión de toda la Tierra, pero requiere algo de energía adicional para reemplazar el calor perdido de la compresión protoplanetaria. De lo contrario, la descompresión de toda la Tierra enfriaría su interior. Sin embargo, hay una consecuencia de la descompresión de toda la Tierra que emplaza el calor en la base de la corteza y produce el *gradiente geotérmico* dentro de la corteza terrestre. A este fenómeno lo llamo *tsunami térmico por descompresión del manto* [146].

La materia terrestre se estratifica gravitacionalmente en función de la densidad. La descompresión de la Tierra, que comienza en el fondo del manto, se propagará hacia arriba a través de la materia progresivamente menos densa, como un tsunami, hasta llegar a la corteza rígida donde se produce la compresión, produciendo calor debido a dicha compresión. El tsunami térmico de descompresión del manto calienta la base de la corteza y es la razón por la que la temperatura en la corteza aumenta con la profundidad, constituyendo el gradiente geotérmico.

El georreactor central de fisión nuclear de la Tierra [3, 4, 11, 14, 17-20, 22] alimenta y produce su campo geomagnético y ayuda a la descompresión de toda la Tierra proporcionando calor para reemplazar el calor perdido por la compresión protoplanetaria. El calor del georreactor también se canaliza desde el núcleo de la Tierra hacia su superficie [8]. Entre sus productos de fisión, el georreactor produce helio-3 y helio-4 que sirven como trazadores que identifican el calor del georreactor canalizado hacia la superficie de la Tierra [8] (Figura 3.12). A medida que el combustible de uranio se consume en el reactor nuclear terracéntrico de la Tierra, el ratio de helio-3 y helio-4, en relación con el aire, como se muestra en la Figura 3.12, aumenta con el tiempo. Los valores del ratio de helio de 10 o superiores son indicativos de que el helio del georreactor se ha producido recientemente.

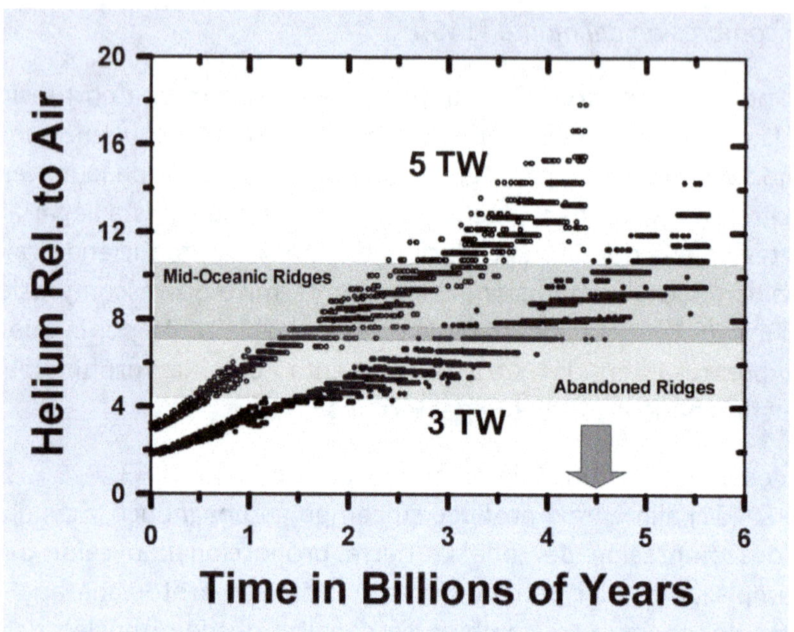

Figura 3.12. Datos de simulación del georreactor del Laboratorio Nacional de Oak Ridge calculados a energías de 3 y 5 teravatios comparados con los ratios de helio medidos, en relación con el aire, en basaltos oceánicos. Datos de [4]. Duplicado del capítulo 2.

A veces denominadas columnas del manto, las estructuras térmicas o los canales de calor bajo Islandia y las islas hawaianas se han visualizado sísmicamente como si se extendieran hasta la parte superior del núcleo fluido de la Tierra [158, 159]. El basalto que entró en erupción en estos dos lugares contiene rastros de helio con la presencia de alto ratio de helio producido por un georreactor [160]. Los canales de calor proporcionan vías para que el helio, muy ligero, poco reactivo y muy móvil, llegue a la superficie de la Tierra [8]. El helio de alto ratio es indicativo del calor de acompañamiento producido por las reacciones nucleares de fisión en cadena de los georreactores.

En el pasado geológico se produjeron grandes inundaciones de basalto que contenían la presencia de alto ratio de helio producido por georreactores, por ejemplo, hace 250 millones de años en Siberia (Trampas de Siberia) [161] y hace 65 millones de años en India (Trampas del Decán) [162].

En la actualidad, los basaltos extruidos por volcanes a lo largo del Sistema del Rift de África Oriental [163] y en Yellowstone (EE.UU.) [85, 164] contienen la presencia de alto ratio de helio producido por georreactores. Las mediciones de Yellowstone, que indican que la fuente de calor de Yellowstone es el georreactor de fisión nuclear, son muy preocupantes, porque se cree que Yellowstone es un supervolcán potencial [165-168]. La alteración natural o antropogénica del campo geomagnético podría desencadenar la erupción de ese supervolcán [14, 20, 22].

WEDD: ORIGEN DEL PETRÓLEO

La base de prácticamente toda la geología de la superficie, tal y como se describe en la *Dinámica de la Descompresión de toda la Tierra* [5], es que a medida que el volumen de la Tierra aumenta durante la descompresión de toda la Tierra, su superficie aumenta por la formación y el relleno de grietas de descompresión, y su curvatura superficial cambia principalmente por la formación de montañas caracterizadas por el plegamiento [152].

La división de la corteza continental de la Tierra ha sido una serie progresiva de acontecimientos a lo largo del tiempo geológico, por ejemplo, por el sistema de dorsales oceánicas medias que se muestra en la Figura 3.7. Este proceso fundamental de división de la corteza sigue produciéndose, por ejemplo, en el sistema del Rift de África Oriental (Figura 3.13).

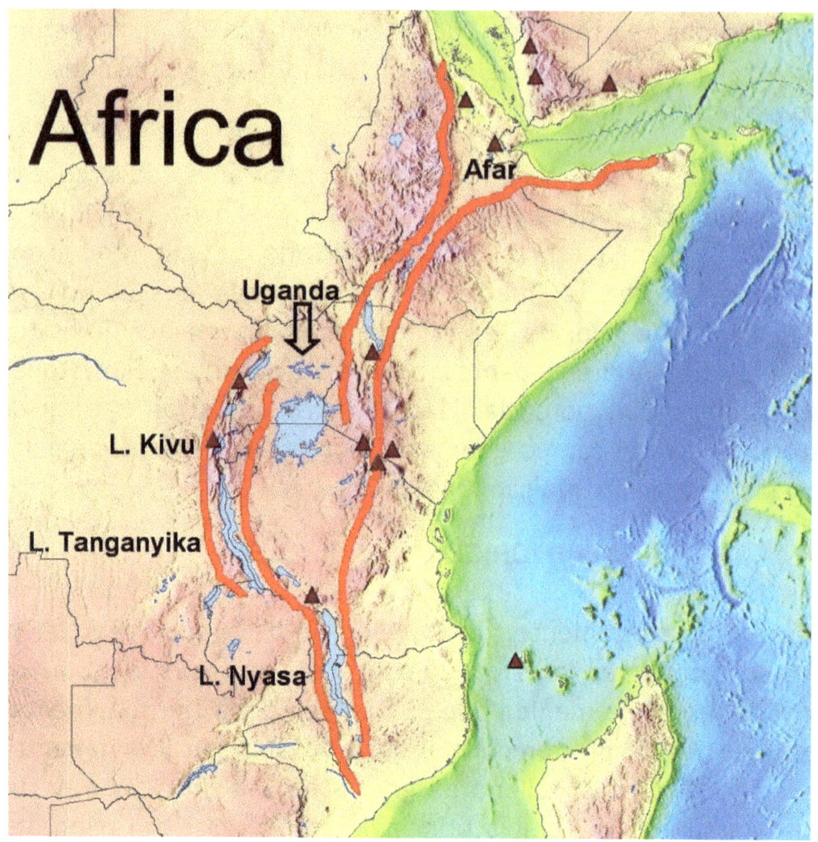

Figura 3.13. Sistema del Rift de África Oriental indicado en rojo. Los triángulos muestran las zonas de actividad volcánica.

En 2016, en el *Journal of Petroleum Exploration and Production Technology*, publiqué un artículo titulado *"Nuevo concepto sobre el origen de los depósitos de petróleo y gas natural "* [169]. Ese artículo se basaba en mis otros dos artículos [170, 171] que describían la base de la *Dinámica de descompresión de toda la Tierra* para el origen de los depósitos de petróleo y gas natural, y los ampliaba.

En la tectónica de placas, el término "rift" se refiere a la idea de que dos placas se están separando. *En la Dinámica de Descompresión Total de la Tierra*, los términos geológicos "rift" o "zona de rift" se refieren a que la corteza terrestre se está agrietando como consecuencia del aumento de volumen de la Tierra, lo que potencialmente permite que los gases del manto y la materia orgánica escapen o queden atrapados en los estratos superficiales. Visto en este contexto, se hizo evidente que muchos, si no la mayoría, de los grandes yacimientos de petróleo y gas natural del mundo están asociados a zonas en las que se ha producido una importante descompresión de la corteza continental en toda la Tierra, incluso en los márgenes continentales [169].

En la actualidad, se están llevando a cabo actividades de exploración y producción de petróleo y gas natural a lo largo del Sistema de Rift de África Oriental (Figura 3.13), el Sistema de Rift de Río Grande en EE.UU. y en sistemas de rift, cuencas y a lo largo de los márgenes continentales que antes eran grietas de descompresión de toda la Tierra o grietas de descompresión fallidas en todo el planeta. La cuenca de Siberia Occidental, que alberga uno de los mayores yacimientos de petróleo y gas natural del mundo, es el lugar de una grieta de descompresión fallida de toda la Tierra, conocida como las *Trampas Siberianas*, donde se produjeron inundaciones masivas de basalto hace 250 millones de años (Figura 3.14).

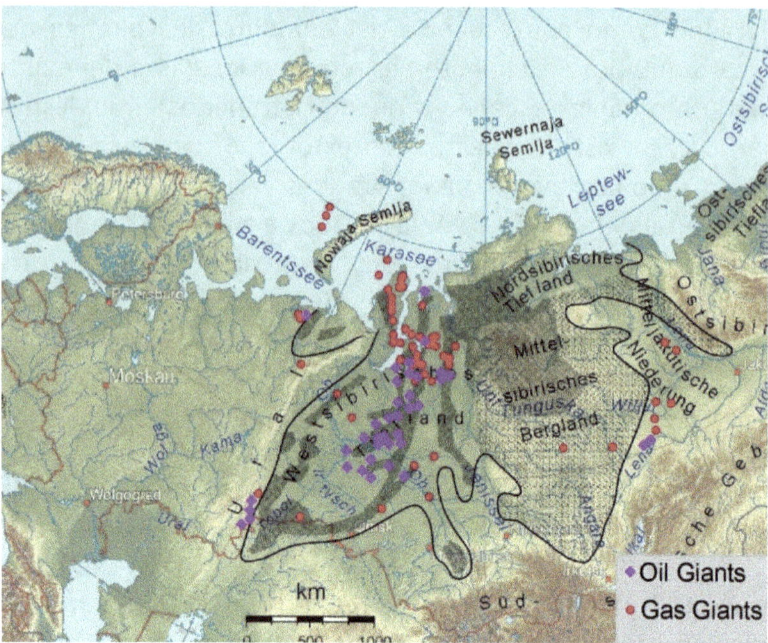

Figura 3.14. Mapa que muestra la extensión de las Trampas Siberianas, con círculos que señalan los principales yacimientos de gas y diamantes que muestran los principales yacimientos de petróleo. De [169].

WEDD: EL PANORAMA GENERAL Y EL CAMINO A SEGUIR

Al intentar comprender el complejo y muy incompleto registro geológico, ha surgido mucha confusión por las interpretaciones basadas en un paradigma incorrecto. Por ejemplo, en la dimensión global e inmutable de la tectónica de placas, se piensa que el supercontinente Pangea está rodeado de océanos. Desde este punto de vista, la fragmentación de Pangea desplazó los volúmenes terrestres y oceánicos sin producir ningún cambio importante en el nivel del mar. El único mecanismo previsto en ese paradigma para una rápida e importante bajada o subida del nivel del mar era el inicio o el final de una edad de hielo, cuando un gran volumen de agua oceánica era secuestrado o liberado como hielo polar y glacial [172].

La geodinámica y la geología de la Tierra están intrínsecamente relacionadas a través de mi paradigma geocientífico indivisible, la *Dinámica de descompresión de toda la Tierra*. En última instancia, miríadas de observaciones aparentemente complejas y teóricamente irresueltas pueden resolverse y entenderse de forma lógica y causalmente relacionada. Por ejemplo, la aparente correlación de las inversiones del campo geomagnético con la extinción de especies [173, 174], con los grandes episodios de vulcanismo [175, 176] y con los cambios drásticos del nivel del mar [177], es comprensible ya que el colapso del campo geomagnético, en principio, puede conducir a un pico de energía de salida del georreactor, y por lo tanto, posiblemente desencadenar un pico de descompresión que se manifiesta, por ejemplo, por el vulcanismo, los terremotos, la división de los continentes, la extinción de especies, y más [14, 20, 22].

La progresiva división de la corteza continental y la concomitante apertura de las cuencas oceánicas, provoca necesariamente un descenso del nivel del mar, que con el tiempo se compensa con nuevas aportaciones de agua oceánica. Así, la fragmentación de los continentes expone el agua del mar a minerales no oxidados, como la pirita y la arsenopirita, que pueden acidificar y toxificar el agua del mar y, potencialmente, provocar extinciones masivas de especies [178] (Figura 3.15).

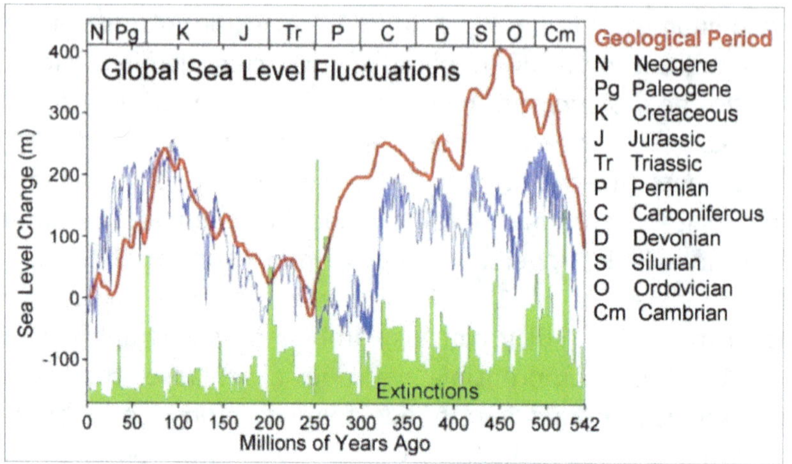

Figura 3.15. Los picos en el nivel del agua del mar (rojo y azul) parecen correlacionarse con los picos en la intensidad de la extinción de géneros de especies (verde), y se correlacionan también con los límites de las principales divisiones del tiempo geológico, abreviados en la parte superior del gráfico. Para más detalles y datos, véase [179-186].

La evidencia del pasado geológico es incompleta, pero con la *Dinámica de Descompresión de la Tierra Completa*, la confusión inherente a las anteriores explicaciones científicamente enrevesadas de los fenómenos geológicos fundamentales puede aclararse y unirse con el resultado esperanzador de que los geocientíficos puedan empezar de nuevo a alcanzar una comprensión de la historia de la Tierra que esté firmemente anclada en las propiedades conocidas de la materia y la radiación.

CONCLUSIONES

He descrito un paradigma fundamentalmente nuevo e indivisible que reconoce la formación temprana de la Tierra como un gigante gaseoso similar a Júpiter y hace posible derivar prácticamente todas las observaciones geológicas y el comportamiento geodinámico de nuestro planeta, incluyendo dos poderosas fuentes de energía antes no previstas cuya ausencia, de otro modo, plantearía dilemas insuperables. El interior de la Tierra se condensó a partir de la materia primordial a altas presiones y temperaturas, y el núcleo fluido de aleación de hierro se difundió por primera vez en el centro de la Tierra.

La condensación primordial a altas presiones y a altas temperaturas progresó sobre la base de la volatilidad relativa, siendo el primer condensado el hierro fundido. El gas primordial a altas presiones y a altas temperaturas dio lugar a un condensado carente de oxígeno, que contenía en el núcleo fluido de aleación de hierro, porciones de elementos terrestres afines al oxígeno, como el uranio, el silicio, el calcio y el magnesio. El uranio se precipitó y se asentó en el centro de la Tierra, donde acabó funcionando como un reactor de fisión nuclear, produciendo el campo geomagnético. El silicio se precipitó como siliciuro de níquel y formó el núcleo interno de la Tierra. El calcio y el magnesio precipitaron como sulfuros y flotaron en la parte superior del núcleo, formando la materia sísmica "rugosa" que allí se observa.

Tras la condensación del núcleo fluido de la Tierra, el principal silicato, la enstatita ($MgSiO_3$), se condensó y formó el manto inferior de la Tierra, seguido por el resto de la materia rocosa condensada, mezclada con los restos que cayeron, formando el manto superior y la corteza.

La condensación primordial continuó con la condensación de las sustancias más volátiles en forma de hielos y gases para formar una proto-Tierra gigante gaseosa totalmente condensada con una masa casi idéntica a la de Júpiter.

Posteriormente, los violentos vientos solares de la fase T-Tauri eliminaron los hielos y los gases dejando, al principio del eón Hadeano, un planeta rocoso que se había comprimido hasta alcanzar aproximadamente dos tercios del diámetro actual de la Tierra, y que contenía en su interior la gran energía almacenada de la compresión protoplanetaria.

La posterior descompresión de la Tierra, descrita por la *Dinámica de la Descompresión de la Tierra* en su conjunto, de forma lógica y causalmente relacionada, explica prácticamente toda la geología y geodinámica de la superficie terrestre.

A medida que avanza la descompresión de toda la Tierra y que aumenta su volumen, su superficie también aumenta por la formación de grietas de descompresión. Las grietas de descompresión primarias con fuentes de calor subyacentes extruyen roca basáltica, que fluye de forma gravitacional hasta caer y rellenar las grietas de descompresión secundarias que carecen de fuentes de calor. Esto explica la separación de los continentes y la topografía de las cuencas oceánicas de la Tierra.

A medida que avanza la descompresión de toda la Tierra y aumenta su volumen, debe cambiar la curvatura de su superficie. La manera en que la curvatura de la superficie se ajusta a los cambios de volumen explica, de manera lógica y causalmente relacionada, la formación de cadenas montañosas caracterizadas por el plegamiento, los fiordos y los cañones submarinos.

La Dinámica de descompresión de toda la Tierra explica, de forma más completa y correcta, las observaciones que suelen atribuirse a la tectónica de placas sin requerir una convección del manto físicamente imposible, o ciclos ficticios de supercontinentes. Además, *la Dinámica de descompresión de toda la Tierra* explica las observaciones geológicas que son inexplicables por la tectónica de placas, incluyendo el gradiente geotérmico, las cuencas oceánicas, el origen de los depósitos de petróleo y gas natural, entre otros.

Las observaciones y los descubrimientos que se citan aquí se han publicado en la literatura científica revisada por pares durante un período de cuatro décadas. Rara vez han sido citados por científicos financiados por el gobierno. Los avances lógicos y relacionados con la causa que se documentan aquí sirven de referencia para comparar y evaluar el modelo fenomenológico sin sentido que han publicado los científicos financiados por el gobierno durante décadas.

4 NUEVO PARADIGMA DE LA CIENCIA DEL CLIMA

El cambio climático, a veces llamado calentamiento global, es actualmente un tema de debate público de alto nivel, y un asunto de gran preocupación para los líderes gubernamentales y los educadores. Estas personas deberían poder confiar en los científicos capacitados para que los guíen, y les faciliten una comprensión fundamental de los hechos. No obstante hay un problema: la ciencia se ha visto contaminada por la política, aunque no siempre ha sido así.

La verdadera ciencia, a diferencia de la política, no consiste en promover ideas aceptadas por consenso, mientras se ignoran otras ideas competitivas, que es la práctica actual. La verdadera ciencia consiste en descubrir lo que está mal en los conceptos científicos actuales y sustituir los conceptos menos correctos por otros más correctos. La ciencia real, a diferencia de la política, consiste en decir la verdad, una verdad que está firmemente anclada en las propiedades de la materia y la radiación [27, 106]. Así es como progresa la verdadera ciencia.

En el muy politizado ámbito del cambio climático, hay dos escuelas de pensamiento: la opinión dominante es que se está produciendo un calentamiento global, causado por el dióxido de carbono (CO2) y otros gases de efecto invernadero que atrapan el calor que de otro modo se liberaría al espacio. La opinión discrepante es que no hay calentamiento global y que cualquier variación de la temperatura global es natural. El cambio de paradigma en la comprensión científica, como he publicado [13, 187-192] y descrito a continuación, lleva claramente a la conclusión de que ninguna escuela de pensamiento es correcta. Si bien se está produciendo de hecho un calentamiento global, este no es consecuencia principal de los gases de efecto invernadero. El calentamiento global está causado principalmente por partículas de aerosol atmosféricas [13, 187-192]. La buena noticia es que la reducción de la contaminación por partículas reducirá rápidamente el calentamiento global en cuestión de días o semanas.

Durante más de tres mil millones de años, tanto como la vida ha existido en la Tierra, la superficie de nuestro planeta ha mantenido un estado de equilibrio térmico notablemente estable gracias al efecto combinado de numerosos procesos naturales, y ello a pesar de ser bombardeada por una radiación solar variable desde arriba [193, 194] y por fuentes de energía planetaria variables desde abajo, incluyendo la energía de fisión nuclear de los georreactores [8, 11] y la energía de compresión protoplanetaria almacenada [10, 145, 146]. Hace décadas, teniendo en cuenta la escala cada vez mayor de la actividad humana, podría haber sido prudente entablar debates y discusiones científicas abiertas para determinar con razonable certeza la naturaleza y el grado en que las actividades humanas podrían estar alterando esos procesos naturales. Pero, que yo sepa, esa investigación objetiva y abierta nunca se produjo.

En lugar de ello, en 1988 se creó el Grupo Intergubernamental de Expertos sobre el Cambio Climático (IPCC) de las Naciones Unidas y, en colaboración con otras entidades políticas, presumiblemente impulsadas por motivos políticos y/o financieros [195], convenció a numerosos funcionarios de que los gases de efecto invernadero, especialmente el dióxido de carbono (CO_2) producido por los combustibles fósiles, estaban atrapando el calor que, de otro modo, debería haberse liberado al espacio [196]. El cambio climático, también conocido como calentamiento global, se convirtió en un nuevo enemigo mundial.

La ciencia promulgada por el IPCC y la comunidad científica del clima es muy defectuosa [188]. Algunos de los factores que afectan al clima se conocen mal, otros se tergiversan o se ignoran [197]. Sin embargo, el fallo más grave es el uso generalizado de los "modelos climáticos", programas informáticos basados en suposiciones que suelen partir de un resultado final conocido que obtienen seleccionando datos y parámetros [104]. Los modelos climáticos, al ser programas informáticos, están sujetos a los conocidos dictados *"basura dentro, basura fuera"* [198].

Los científicos del clima rara vez reconocen lo mucho que queda por saber fuera de los límites de sus modelos computacionales. Excepcionalmente, Curry y Webster [199] afirman *"Además de una comprensión insuficiente del sistema, se introducen incertidumbres en la forma estructural del modelo, como un compromiso pragmático entre la estabilidad numérica y la fidelidad a las teorías subyacentes, la credibilidad de los resultados y los recursos computacionales disponibles."*

Como señaló James Lockwood [200]: *"Poco a poco, el mundo de la ciencia ha evolucionado hasta el peligroso punto de que la construcción de modelos tiene prioridad sobre la observación y la medición, especialmente en las ciencias de la Tierra y de la vida. En cierto modo, la elaboración de modelos por parte de los científicos se ha convertido en una amenaza para los cimientos sobre los que se ha asentado la ciencia: la aceptación de que la naturaleza es siempre el árbitro final y que una hipótesis debe ser siempre puesta a prueba mediante la experimentación y la observación en el mundo real."*

La comunidad científica del clima trata el calentamiento global únicamente como una cuestión de equilibrio de la radiación, basándose en la idea de que todo el calor recibido del sol, así como el calor traído a la superficie desde las fuentes de calor de las profundidades de la Tierra, debe ser liberado al espacio. En ese paradigma, definen un constructo artificial "forzamiento radiativo" o "forzamiento climático" en unidades de Wm-2 relativas a 1750 Wm-2 para representar la desviación del equilibrio radiativo neto cero [201], que se supone que está causada principalmente por el dióxido de carbono antropogénico y otros gases de efecto invernadero. Aunque este enfoque es conveniente para los resultados de los modelos informáticos, conduce a una falsa comprensión de los factores que afectan a la temperatura de la superficie de la Tierra.

LA IGNORANCIA DE LOS AEROSOLES

El Grupo Intergubernamental de Expertos sobre el Cambio Climático (IPCC) de Naciones Unidas y la comunidad científica del clima suscriben en general la falsa premisa de que las partículas de aerosoles troposféricos enfrían el clima [199, 202, 203], con la excepción de los aerosoles de carbono negro [204]. Los científicos del IPCC sostienen que la consecuencia de las partículas aerosolizadas es bloquear la luz solar y enfriar la Tierra [202, 205-207].

Los científicos del clima infravaloran el papel de los aerosoles y las nubes en el atrapamiento del calor, sosteniendo que el atrapamiento del calor se produce principalmente por los gases atmosféricos de efecto invernadero, como lo demuestra la siguiente afirmación [202]: *"Los aerosoles atmosféricos contrarrestan los efectos de calentamiento de los gases de efecto invernadero antropogénicos en una cantidad incierta, pero potencialmente grande: el fuerte enfriamiento de los aerosoles en el pasado y en el presente implicaría entonces que el futuro calentamiento global [debido a la reducción de la contaminación] podría surgir en el extremo superior del rango proyectado por el Grupo Intergubernamental de Expertos sobre el Cambio Climático o incluso por encima de él"*. La percepción del efecto de enfriamiento de las partículas de aerosol troposférico en el clima de la Tierra ha dado lugar a conceptos erróneos fundamentales en la ciencia del clima.

Muchos científicos del clima creen falsamente que las partículas de aerosol, incluido el carbono negro, enfrían la superficie de la Tierra [199, 202, 203, 205-210] o no están seguros de si los aerosoles enfrían o calientan la Tierra [211, 212]. Por ejemplo, Ramanathan y Carmichael [213] afirman "...*el carbono negro tiene efectos opuestos de adición de energía a la atmósfera y de reducción de la misma en la superficie*". Del mismo modo, Andreae, Jones y Cox [202] afirman: "*Los aerosoles atmosféricos contrarrestan los efectos de calentamiento de los gases antropogénicos de efecto invernadero en una cantidad incierta, pero potencialmente grande*". La incertidumbre sobre si los aerosoles provocan un enfriamiento o un calentamiento obstaculiza la capacidad de proyectar futuros cambios climáticos [214, 215] e incluso dificulta la capacidad de comprender los factores responsables de mantener las temperaturas de la superficie en un rango que hace posible la vida.

Como se señaló en el capítulo 1, la ciencia progresa cuestionando la corrección de los paradigmas populares y mediante tediosos esfuerzos para colocar observaciones aparentemente independientes en un orden lógico en la mente, de modo que las relaciones causales se hagan evidentes y surja una nueva comprensión [27]. En lugar de hacer grandes y detallados modelos computacionales basados en complejidades mal comprendidas de la ciencia del clima, sería más provechoso comprender mejor el comportamiento de los factores específicos que afectan al clima de la Tierra.

EVIDENCIAS DE LA II GUERRA MUNDIAL

El físico de Harvard Bernard Gottschalk [216, 217] observó un pico térmico coincidente con la Segunda Guerra Mundial (WWII) en una imagen de perfil de temperatura global en la portada del *New York Times* del 19 de enero de 2017, y se animó a investigar más. Tras aplicar sofisticadas técnicas de ajuste de curvas a ocho conjuntos de datos de temperatura global independientes de la Administración Nacional Oceánica y Atmosférica de Estados

Unidos (NOAA), demostró que el pico de la Segunda Guerra Mundial es una característica consistente y concluyó que el pico térmico *"es consecuencia de la actividad humana durante la Segunda Guerra Mundial"* [216, 217].

El aspecto más llamativo de las curvas de calentamiento global de Gottschalk [216], mostradas por las curvas negras de la Figura 4.1, es que inmediatamente después de la Segunda Guerra Mundial el calentamiento global disminuyó rápidamente. Este comportamiento es incoherente con el calentamiento global causado por el CO2, ya que éste persiste en la atmósfera durante décadas [218, 219]. Además, el calentamiento global causado por el CO2 durante la Segunda Guerra Mundial puede descartarse, ya que los datos del núcleo de hielo del Law Dome de la Antártida durante el periodo 1936-1952 no muestran un aumento significativo del CO2 durante los años de guerra, 1939-1945 [220].

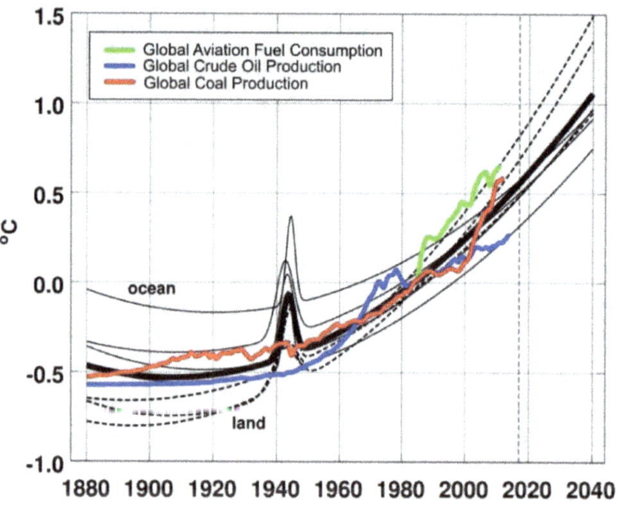

Figure Figura 4.1. Copia de las curvas ajustadas por Gottschalk para ocho conjuntos de datos de la NOAA que muestran los perfiles de temperatura relativa a lo largo del tiempo [216], a los que añadí indicadores de contaminación por partículas. Línea discontinua: tierra; línea clara: océano; línea negrita: media ponderada. De [13].

Ello me condujo a una explicación diferente. Las actividades de la Segunda Guerra Mundial inyectaron cantidades masivas de partículas en la atmósfera inferior (troposfera) debido a la extensa industrialización militar y a las vastas detonaciones de municiones, incluida la demolición de ciudades enteras, y sus consiguientes escombros y humo. La implicación es que las partículas contaminantes en forma de aerosol atraparon el calor que, de otro modo, debería haber sido devuelto al espacio, y por lo tanto causaron un calentamiento global en la superficie de la Tierra [13] que habría disminuido rápidamente tras el cese de las hostilidades. El rápido cese del calentamiento global de la Segunda Guerra Mundial es comprensible ya que las partículas contaminantes de la troposfera suelen caer al suelo en días o semanas [221-225].

La figura 4.1, de [13, 216], muestra valores relativos, sustitutos de contaminación por partículas, añadidos a la figura de Gottschalk: producción mundial de carbón [226, 227]; producción mundial de petróleo crudo [227, 228]; y consumo mundial de combustible de aviación [227]. Cada conjunto de datos sustitutos se normalizó a su valor en la fecha de 1986, y se ancló en 1986 a la curva de Gottschalk de calentamiento global relativo, de media ponderada en negrita. Los índices de partículas coinciden con los ocho conjuntos de datos globales de la NOAA utilizados por Gottschalk [13].

Tras el final de las hostilidades de la Segunda Guerra Mundial, las partículas de aerosol de la guerra se asentaron rápidamente en el suelo [221], la Tierra irradió su exceso de energía atrapada y el calentamiento global disminuyó bruscamente durante un breve periodo de tiempo [13]. Sin embargo, pronto, el crecimiento industrial posterior a la Segunda Guerra Mundial, inicialmente en Europa y Japón, y más tarde en China, India y el resto de Asia [229], aumentó la contaminación por partículas de aerosol en todo el mundo y con ello el calentamiento global concomitante [13].

De las pruebas mostradas en la Figura 4.1 se desprende una conclusión ineludible: *la principal causa del calentamiento global es la contaminación por partículas de aerosol, y no el dióxido de carbono.* Esta conclusión no era en absoluto evidente en la metodología de "equilibrio de la radiación" y en los modelos parametrizados ampliamente utilizados por la comunidad científica del clima. El concepto de que la contaminación por partículas de aerosol es la principal causa del calentamiento global constituye, por tanto, un cambio de paradigma en la ciencia del clima. Sin embargo, en ciertos aspectos podría haber sido obvio para aquellos que observan la naturaleza y que razonan objetivamente. Por ejemplo, uno podría haber observado que en el desierto los días nublados suelen ser más fríos que los no nublados, mientras que las noches nubladas suelen ser más cálidas que las no nubladas.

CALENTAMIENTO GLOBAL POR PARTÍCULAS DE AEROSOL

La mayoría de las partículas que se encuentran en la troposfera absorben en cierta medida la energía solar de una o más porciones del espectro de longitudes de onda [230-236]. Como señaló Hunt [237]: *"la dispersión de pequeñas partículas absorbentes forma un sistema ideal para recoger la energía radiante, transformarla en calor y transferir eficientemente el calor a un fluido circundante.... Si la longitud de absorción característica para la luz que atraviesa el material que comprende las partículas es mayor que el diámetro de la partícula, todo el volumen de las partículas está activo como absorbente. Cuando las partículas han absorbido la luz solar y su temperatura comienza a aumentar, ceden rápidamente este calor al gas circundante...."*

Las partículas de aerosol se calientan por la radiación solar y por el calor radiante de la Tierra, y transfieren ese calor a los gases atmosféricos mediante colisiones moleculares. El calentamiento atmosférico resultante tiene como consecuencia la reducción de la convección atmosférica y, por tanto, de la pérdida de calor de la superficie terrestre [189, 191].

La convección es quizás el proceso natural más incomprendido en las ciencias de la Tierra. Se siguen produciendo modelos hipotéticos de convección del núcleo fluido de la Tierra [238-242] y del manto terrestre [243-245], aunque se ha demostrado que la convección térmica sostenida en cada caso es físicamente imposible [8], lo que hace necesario un paradigma geocientífico fundamentalmente diferente [6, 7, 10, 11, 145, 146, 246].

Chandrasekhar describió la convección de la siguiente manera, fácil de entender [247]: "*el ejemplo más sencillo de convección inducida térmicamente surge cuando una capa horizontal de fluido se calienta desde abajo y se mantiene un gradiente de temperatura adverso* [es decir, la parte inferior está más caliente que la superior]. *El adjetivo "adverso" se utiliza para calificar el gradiente de temperatura predominante, ya que, debido a la expansión térmica, el líquido de la parte inferior se vuelve más ligero que el de la parte superior; y esta es una disposición de peso superior que es potencialmente inestable. En estas circunstancias, el fluido intentará redistribuirse para corregir esta debilidad en su disposición. Así se origina la convección térmica: representa los esfuerzos del fluido por restablecer en sí mismo cierto grado de estabilidad.*"

Hasta donde yo sé, las consecuencias del *gradiente de temperatura adverso*, descrito por Chandrasekhar [247] no han sido consideradas explícitamente en los cálculos de convección de la Tierra sólida o de la troposfera. Sin embargo, el siguiente experimento sencillo de demostrar en el aula puede proporcionar una visión crítica para entender el funcionamiento de la convección, aplicable a la convección troposférica y a la del núcleo terrestre [189].

Como se ha descrito recientemente [191]: *el experimento de convección en el aula se llevó a cabo utilizando una probeta de 4 litros, casi llena de agua destilada a la que se añadieron semillas de apio, y se calentó en una placa de calor regulada. Las semillas de apio, arrastradas por los movimientos convectivos del agua, sirvieron de indicador de la convección. Cuando se alcanzaba una convección estable, se colocaba un azulejo de cerámica encima de la probeta para retardar la pérdida de calor, aumentando así la temperatura en la parte superior con respecto a la inferior, y disminuyendo el gradiente de temperatura adverso.*

La figura 4.2, de [189], extraída de la grabación de vídeo [248, 249], muestra la drástica reducción de la convección después de colocar la baldosa sobre el vaso. En sólo 60 segundos el número de semillas de apio en movimiento, impulsadas por la convección, disminuyó notablemente, demostrando el principio de que la reducción del gradiente de temperatura adverso disminuye la convección. Este resultado es razonable, ya que un gradiente de temperatura adverso nulo es, por definición, una convección térmica nula.

Las partículas de la troposfera, incluidas las gotas de humedad de las nubes, no sólo bloquean la luz solar, sino que también absorben la radiación tanto de la radiación solar entrante como de la terrestre saliente. Las partículas de aerosol así calentadas transfieren ese calor a la atmósfera circundante, lo que aumenta su temperatura y reduce el gradiente de temperatura adverso en relación con el aire cercano a la superficie. La reducción del gradiente de temperatura adverso, tal y como se ha expuesto en la demostración anterior, reduce concomitantemente el transporte de calor por convección desde la superficie. Este es el mecanismo por el que la contaminación por partículas provoca el calentamiento global.

Figura 4.2. De [189]. Una probeta de agua sobre una placa de calor regulada con semillas de apio arrastradas por los movimientos de convección del fluido. La colocación de un azulejo de cerámica sobre el vaso de precipitados un momento después de T=0 redujo la pérdida de calor, alzando efectivamente la temperatura de la solución superior, disminuyendo así el gradiente de temperatura adverso, y reduciendo la convección, indicada por la disminución del número de semillas de apio en movimiento a T=60 segundos.

EVIDENCIAS DEL CALENTAMIENTO GLOBAL

Si llevamos a cabo dos mediciones, la temperatura alta diaria y la temperatura baja nocturna, cuando se siguen a lo largo del tiempo en un área geográfica grande, proporcionan una medida independiente del cambio climático. La temperatura alta diaria menos la temperatura baja nocturna, (Tmáx - Tmín), llamada rango de temperatura diurna (DTR), es esencialmente independiente de cualquier efecto de los gases de efecto invernadero [218, 250]. La figura 4.3 de Qu et al. [251] presenta los valores medios anuales de DTR, Tmáx y Tmín en los Estados

Unidos continentales durante la mayor parte del siglo XX y en el siglo XXI hasta 2010.

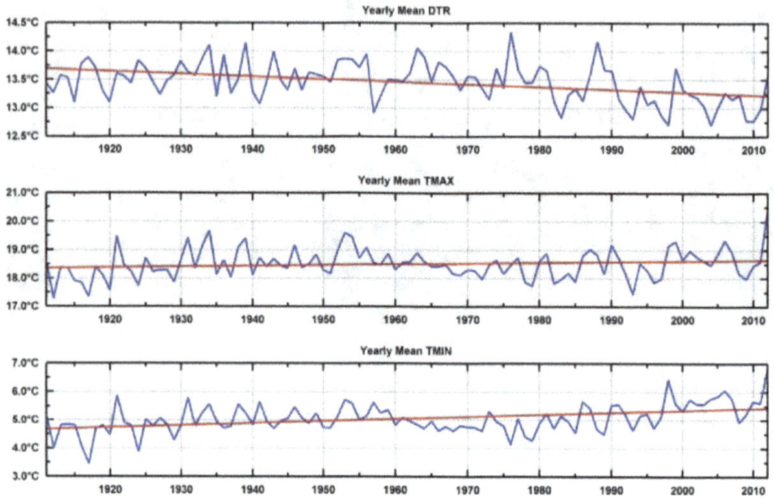

Figura 4.3. Valores medios anuales de DTR, Tmáx y Tmín sobre el territorio continental de Estados Unidos. Las líneas rojas son regresiones lineales. De [191, 251].

Como se muestra en la Figura 4.3, Tmin aumenta a un ritmo mayor que Tmax, lo que hace que el MDT disminuya con el tiempo, un fenómeno que se observa en muchas investigaciones similares [252-255] pero no en todas [256]. Mientras que la reducción de Tmáx puede explicarse porque la luz solar es absorbida o dispersada por las partículas o por las nubes, el aumento de Tmín es inexplicable dentro del actual paradigma de la ciencia climática impulsado por el consenso [218].

OTRAS EVIDENCIAS

La erupción del volcán Mount St. Helens en el estado de Washington (EE.UU.) el 18 de mayo de 1980 [257] proporcionó una oportunidad para evaluar la influencia a corto plazo de la inyección troposférica de partículas volcánicas [258]. Cuando el penacho volcánico pasó por encima de la troposfera, las temperaturas diurnas descendieron al ser la luz solar absorbida y dispersada por las partículas; las temperaturas nocturnas, sin embargo, aumentaron, y se mantuvieron elevadas presumiblemente debido al polvo de aerosol que persistió durante algunos días antes de caer al suelo [258].

El rango de temperaturas diurnas se redujo significativamente por la columna de aerosoles, pero se recuperó casi completamente en dos días [258]. Estas observaciones son consistentes con (1) la presencia de partículas de aerosol del Monte St. Helens que absorben la radiación de onda larga y se calientan en la atmósfera, (2) la transferencia de ese calor a la atmósfera circundante mediante colisiones moleculares, (3) la disminución del gradiente de temperatura atmosférico adverso con respecto a la superficie de la Tierra, (4) la consiguiente reducción de la convección atmosférica, y (5) la reducción concomitante de la pérdida de calor en la superficie impulsada por la convección, lo que es evidente por el aumento de la Tmin [13, 188, 189, 259].

Al basarse en modelos informáticos, la comunidad científica del clima no comprendió el importante papel de la convección atmosférica, modulada por las partículas de aerosol, en la eliminación de calor de la superficie de la Tierra. Parece ignorar que la reducción de la eficiencia de la convección está causada por el calentamiento atmosférico a través del calentamiento de las partículas de aerosol. Por ejemplo, la explicación ofrecida para el calentamiento nocturno del penacho volcánico del Monte St. Helens es que *"por la noche el penacho suprimió el enfriamiento por infrarrojos o produjo un calentamiento por infrarrojos"* [258], lo que simplemente no tiene sentido.

Así pues, las nubes y la contaminación por partículas de la troposfera son factores comunes que afectan al rango de temperatura diurna, DTR. Hipotéticamente, se podría imaginar un DTR más o menos constante si no hubiera contaminación por partículas de origen humano. Pero este no es el caso. En cambio, se observa una disminución constante de la DTR a lo largo del tiempo, impulsada por el aumento constante de la Tmin nocturna

(Figura 4.3), lo que, a la luz de las pruebas descritas anteriormente, apunta a la contaminación por partículas como la principal causa del calentamiento global.

La idea de que las partículas troposféricas reducen la convección atmosférica recibió un apoyo adicional gracias a la serie de investigaciones de larga duración de radiosondas y aethalómetros realizadas por Talukdar et al. [260]. Sus mediciones demostraron que una mayor cantidad de aerosoles de carbono negro troposférico puede perturbar el movimiento ascendente normal del aire húmedo calentando la atmósfera, lo que resulta en una disminución de los parámetros de convección atmosférica asociados al aumento de la concentración de aerosoles de carbono negro.

Durante los meses de verano, el polvo soplado del Sahara, cubre un área sobre el océano tropical entre África y el Caribe del tamaño de los Estados Unidos continentales [230, 261, 262]. La capa de polvo se extiende hasta una altitud de 5-6 km; las mediciones indican una mayor densidad de polvo y la neblina asociada a 3 km que en la superficie [262]. El calor de la parte superior de la capa de polvo del Sáhara es una consecuencia de su origen en el Sáhara, pero el calor se mantiene gracias a la absorción de la radiación solar por el polvo [261], que se sabe que contiene óxido de hierro que absorbe la radiación [263, 264] y que, cuando se incorpora a las masas de agua, inicia floraciones de algas perjudiciales [265-268].

Como señalan Prospero y Carlson [262]: "... *el calor del aire sahariano tiene una fuerte influencia supresora en la convección de cúmulos ...*" Wong y Dessler [269] también reconocieron la supresión de la convección sobre el Atlántico Norte tropical por la capa de aire polvoriento sahariano. Ni estos ni otros investigadores [261] reconocieron la generalidad global, es decir, que la reducción de la eficiencia de la convección ocurre como consecuencia de la reducción del gradiente de temperatura adverso a través del calentamiento de partículas de aerosoles [13,

187-189].

La convección se produce *en toda la troposfera*, con diferentes grados de escala, tanto geográfica como altitudinalmente, y con diversas modificaciones causadas por la circulación atmosférica y el flujo lateral. La eficiencia de la convección en todos los casos, sin embargo, es una función del gradiente de temperatura adverso predominante. Las partículas aerosolizadas, calentadas por la radiación solar y/o la radiación terrestre, transfieren rápidamente ese calor a la atmósfera circundante, lo que reduce el gradiente de temperatura adverso en relación con la superficie y, concomitantemente, reduce la pérdida de calor en la superficie, lo que con el tiempo provoca un mayor calentamiento de la superficie [189]. El mismo proceso impulsado por la contaminación de partículas opera a nivel local, como en el caso de las islas de calor urbanas [231, 270-273], regionales y globales.

Mi nuevo paradigma de la ciencia del clima: *la principal causa del calentamiento global es la contaminación por partículas, y no el dióxido de carbono antropogénico* [13, 187-189].

CONCLUSIONES

Las partículas sólidas y/o líquidas, típicamente ≤ 10 µm de diámetro, en la troposfera, se originan a partir de una variedad de fuentes como, por ejemplo, la condensación de humedad [274], la quema incompleta de biomasa, la combustión de combustibles fósiles, las erupciones volcánicas, los residuos polvorientos de las carreteras arrastrados por el viento, la arena, la sal marina, el material biogénico [275], y las cenizas volantes de carbón pirogénicas [276-279], entre otras [280].

La única generalización que puede hacerse es que prácticamente todas las partículas de aerosol de la troposfera, incluidas las gotas de las nubes y sus componentes de aerosol, absorben la radiación solar de onda corta y larga, y absorben la radiación de onda larga de la superficie de la Tierra y se calientan.

Mientras que la metodología utilizada por el IPCC y la comunidad científica del clima se ha centrado principalmente en el problema del equilibrio de la radiación entre el sol y la Tierra y en las desviaciones del mismo, yo me he centrado en comprender los procesos implicados en la disposición del calor absorbido, especialmente las consecuencias de la contaminación por partículas en la convección atmosférica, que es un mecanismo primordial para mantener la temperatura de la superficie habitable de la Tierra [13, 187-189, 191].

La vida en la Tierra es posible gracias al equilibrio natural de las interacciones de y entre una miríada de biota y los procesos físicos de sus entornos. Durante más de tres mil millones de años, el tiempo que la vida ha existido en la Tierra, este equilibrio se ha mantenido por sí mismo, a pesar de la variabilidad natural del medio ambiente, sin intervención humana. El ser humano puede aprender a adaptarse a la variabilidad natural y puede prosperar. Pero la variabilidad no natural no sólo es insalubre, sino potencialmente devastadora para los seres humanos y otra biota.

El calentamiento global antropogénico (creado por el hombre) es una forma especialmente devastadora de variabilidad no natural. Sin embargo, su causa ha sido muy malinterpretada. No es necesario atrapar y secuestrar el dióxido de carbono [281] ni emplazar partículas en la alta atmósfera (estratosfera) para reflejar la luz solar [282], un *"remedio"* desastroso que al extremo podría incluso iniciar una nueva edad de hielo. Una reducción significativa de la contaminación por partículas troposféricas, como indican las pruebas científicas reales, conducirá rápidamente, en una escala temporal de días a semanas, a una reducción del calentamiento antropogénico global y a grandes mejoras en la salud humana y medioambiental.

La contaminación atmosférica es la principal causa ambiental de enfermedad y muerte en todo el mundo, y está aumentando a un ritmo alarmante [283]. La exposición a las partículas de la contaminación atmosférica es un importante factor de riesgo de muerte prematura, que incluye la cardiopatía isquémica, la enfermedad pulmonar obstructiva crónica y las infecciones respiratorias [284]. La exposición acumulada a largo plazo a las partículas finas en los Estados Unidos se asocia con la mortalidad por todas las causas, las enfermedades cardiovasculares y el cáncer de pulmón [285]. En los últimos años, las pruebas emergentes de estudios clínicos, observacionales, epidemiológicos y experimentales sugieren con fuerza que la demencia de Alzheimer, el Parkinson y los accidentes cerebrovasculares trombóticos están asociados a la contaminación del aire ambiente [286]. Los niños que residen en entornos urbanos altamente contaminados presentan déficits cognitivos, y la mayoría de ellos muestran anomalías cerebrales en la resonancia magnética [287].

Las causas combinadas de la contaminación atmosférica y el calentamiento global descontrolado son modificables en un corto plazo de tiempo mediante la reducción de la contaminación por partículas. Pero las medidas correctoras dependen de que se adopte el verdadero cambio de paradigma de la ciencia del clima [13, 187-189, 191] y no se sigan promoviendo dictámenes políticos erróneos y perjudiciales que sirven a intereses creados.

5 CAMBIOS DE PARADIGMA ASTROFÍSICO

A lo largo de la historia de la humanidad, el conocimiento científico ha sido a veces una fuente de iluminación y otras una excusa para la persecución. La ciencia se basa en la verdad, una verdad firmemente anclada en las propiedades de la materia y la radiación. Sin embargo, la ciencia de nuestro mundo actual se ha alejado de las normas de la verdad y la objetividad, y con demasiada frecuencia se ha convertido en un escenario para el engaño por parte de los controladores de la ciencia. Sin embargo, la verdad es un determinante humano de importancia fundamental, inextricablemente relacionado con la libertad que buscamos y consideramos preciosa.

La importancia del sol para la existencia humana fue reconocida hace mucho tiempo en las culturas antiguas, y ocupaba un lugar destacado en sus religiones y cosmologías [288-290]. Sin embargo, el conocimiento crítico de nuestra estrella, el sol, y las implicaciones derivadas del mismo, aunque publicado en la literatura científica [18, 27, 291], no ha sido compartido ni divulgado por los "científicos" de hoy. En lo que a mí respecta, comparto los conocimientos relativos a la ignición del sol que son cruciales para avanzar en el camino hacia una mejor comprensión de nuestro Universo.

EL PROBLEMA DE LA LUZ DE LAS ESTRELLAS

A principios del siglo XX, la comprensión de la naturaleza de la fuente de energía que impulsa al sol y a otras estrellas, era uno de los problemas más importantes sin resolver en las ciencias físicas. Inicialmente se pensaba que durante la formación, cuando el polvo y el gas se fusionan y colapsan por la atracción gravitatoria, se producirían grandes cantidades de calor. Pero los cálculos mostraron que la energía liberada sería insuficiente para alimentar el sol durante todo el tiempo que ha existido la vida en la Tierra. Tras el descubrimiento de la radiactividad por Becquerel en 1896 [292], numerosos experimentos comenzaron a revelar la naturaleza de la radiactividad, el núcleo atómico y las reacciones nucleares [293]. En 1934, Oliphant, Harteck y Rutherford [294] descubrieron las reacciones de fusión termonuclear, un ejemplo de las cuales se ilustra en la Figura 5.1.

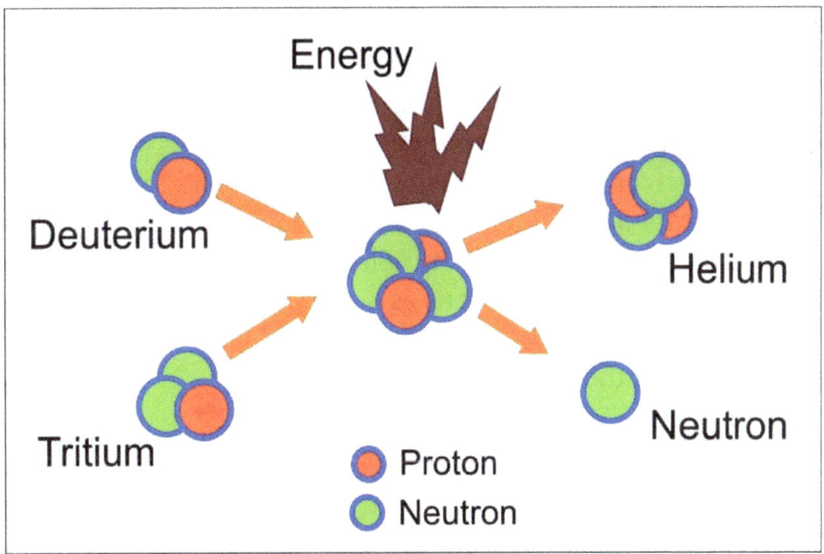

Figura 5.1. Representación esquemática de una reacción de fusión termonuclear. Los núcleos de los elementos ligeros, deuterio y tritio, se "fusionan" para producir helio, un neutrón y una gran cantidad de energía.

Las reacciones de fusión termonuclear se denominan termonucleares porque se requieren temperaturas del orden de 1.000.000°C para que los núcleos alcancen las altísimas velocidades necesarias de forma a superar la repulsión de la carga eléctrica y acercarse lo suficiente para que los núcleos reaccionen. Cuando se produce la reacción de fusión, se libera una gran cantidad de energía.

Las reacciones de fusión termonuclear parecían ser la fuente de energía desconocida que impulsa al sol y a otras estrellas, que contienen copiosas cantidades de hidrógeno y helio. El desarrollo científico de las reacciones termonucleares solares corrió a cargo de físicos nucleares como Edward Teller [295] y Hans Bethe [296], cuyos nombres se asociarían posteriormente al desarrollo de las armas nucleares.

En 1938, las investigaciones teóricas sobre las reacciones termonucleares que se creía que alimentaban al sol y a otras estrellas habían progresado lo suficiente como para que pareciera que ya no había dudas sobre la fuente de energía del sol. Pero, como suele ocurrir en la ciencia, *"el diablo está en los detalles"*. En 1938, no se conocía ninguna fuente de energía que pudiera producir las temperaturas de millones de grados necesarias para encender las reacciones de fusión termonuclear. Así que se supuso que tales temperaturas se producirían durante la formación, cuando el polvo y el gas se fusionan y colapsan por atracción gravitatoria.

Los científicos tienden a mirar hacia el futuro, y rara vez se cuestionan las circunstancias del pasado que les han llevado al camino actual. Ese fue ciertamente el caso de la ignición de las reacciones termonucleares en las estrellas por colapso gravitacional. En 1965, Hayashi y Nakano [297] demostraron por primera vez que el colapso gravitacional del polvo y el gas durante la formación no produciría las temperaturas de millones de grados necesarias para encender las reacciones de fusión termonuclear. La razón es obvia. El calentamiento de una estrella en formación por el colapso gravitatorio del polvo y el gas se compensa con el calor irradiado desde su superficie, que es una función de la cuarta potencia de la temperatura. En otras palabras, TxTxTxT representa un enorme factor de pérdida cuando T=1.000.000°C. Pero en lugar de preguntarse "qué es lo que chirría en esta imagen", los astrofísicos se limitaron a hacer suposiciones *ad hoc*, como una llamarada inducida por una onda de choque, o ajustaron los parámetros del modelo para intentar alcanzar las temperaturas requeridas [298, 299].

El sol es como una bomba de hidrógeno que se mantiene unida por la gravedad (Figura 5.2). Ambas se alimentan de reacciones de fusión termonuclear, y ambas requieren temperaturas del orden de un millón de grados centígrados para su ignición.

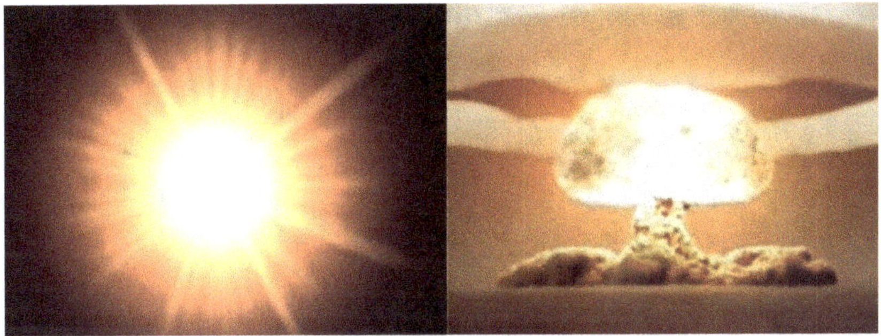

Figura 5.2. El sol (izquierda) es como una bomba de hidrógeno activada (derecha) que se mantiene unida por la gravedad.

Tanto Teller como Bethe hicieron contribuciones cruciales a la tecnología de las bombas de hidrógeno. Pero en el lapso entre sus trabajos sobre las reacciones termonucleares en el sol y las bombas de hidrógeno se produjo otro descubrimiento fundamental. Ese descubrimiento, realizado en diciembre de 1938 y publicado en Die Naturwissenschaften en enero de 1939, fue la fisión nuclear, la división del núcleo de uranio [300].

Como revelaron las investigaciones experimentales de principios de siglo, las reacciones nucleares pueden ser inducidas artificialmente bombardeando un núcleo objetivo con neutrones.

Esto puede hacer que el núcleo objetivo se convierta en un elemento completamente diferente, cambiando su número de elemento (número de protón) en no más de dos. Sin embargo, en 1938, Hahn y Strassmann [300] bombardearon uranio con neutrones y detectaron químicamente el bario, un elemento con la mitad del número de protones del uranio. Hahn y Strassmann habían dividido el núcleo del uranio en dos partes.

La división del núcleo de uranio libera una enorme cantidad de energía y libera neutrones. Estos neutrones recién liberados podrían dividir otros núcleos de uranio, que a su vez podrían dividir otros, y así sucesivamente, en una reacción en cadena que es la base de la bomba atómica (de fisión) [301, 302] y de los reactores nucleares [303] (Figura 5.3).

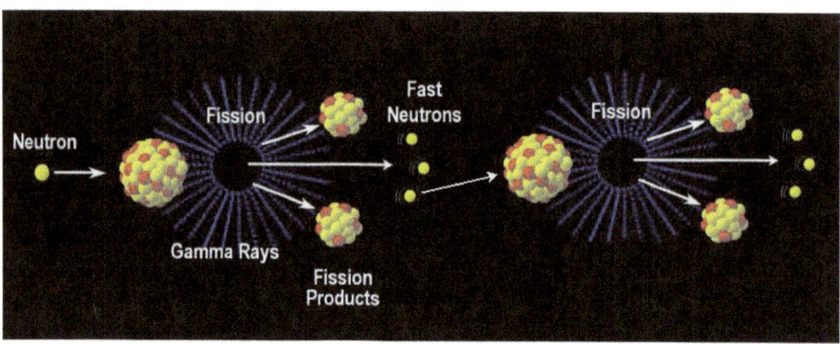

Figura 5.3. Representación esquemática de la reacción nuclear de fisión en cadena del uranio.

La fisión nuclear, descubierta cuando las nubes de guerra se cernían sobre Europa en diciembre de 1938, adquirió inmediatamente un interés primordial como nueva arma potencial de guerra. Esa potencialidad se hizo realidad con la detonación de las bombas atómicas (de fisión) sobre Hiroshima y Nagasaki en 1945 [302]. Sólo siete años después, Estados Unidos detonó la primera bomba de fusión termonuclear, también llamada bomba de hidrógeno, en el atolón de Eniwetok, en el Océano Pacífico [304]. Esa bomba de hidrógeno y todas las bombas de hidrógeno posteriores han utilizado un dispositivo de reacción de fisión nuclear en cadena para encender sus reacciones de fusión termonuclear.

REACTORES DE FISIÓN NUCLEAR PLANETARIOS

Enrico Fermi formuló la teoría de los reactores nucleares [76] y en 1942 construyó el primer reactor de fisión nuclear hecho por el hombre en la Universidad de Chicago. La producción de una reacción de fisión nuclear en cadena a partir del uranio natural requería un diseño de reactor inteligente, ya que el U-235 fácilmente fisionable sólo constituye actualmente el 0,7% del uranio.

En 1956, Paul Kazuo Kuroda aplicó la teoría del reactor nuclear de Fermi y demostró que las reacciones nucleares en cadena de fisión podrían haberse producido en filones de mineral de uranio hace dos mil millones de años, cuando la proporción relativa de U-235 era mayor [305, 306]. Kuroda me dijo más tarde que la idea era tan impopular que la única forma en que consiguió publicarla fue porque en aquella época el *Journal of Chemical Physics* publicaba artículos cortos sin revisión. ¡Incluso en 1956 se utilizaba la revisión por pares como medio para suprimir la publicación de los avances científicos!

En 1972, unos científicos franceses descubrieron, en una mina de uranio de Oklo, en la República de Gabón, África Occidental [307, 308], los restos intactos de un reactor nuclear natural que había funcionado como predijo Kuroda [305, 306] (Figura 5.4).

Figura 5.4. Veta de uranio en una zona de reactor nuclear natural de Oklo. Fotografía cortesía de Francoise Gauthier-Lafaye.

Los astrónomos descubrieron por primera vez a finales de la década de 1960, que tres de los planetas gaseosos gigantes, Júpiter, Saturno y Neptuno, irradian al espacio aproximadamente el doble de la energía que reciben del sol y muestran una prominente turbulencia [309, 310] (Figura 5.5). La explicación ofrecida por los científicos financiados por la NASA fue que la energía es gravitacional [311]. Para mí no tenía sentido que Júpiter siguiera colapsando después de 4.500 millones de años. Reflexionando sobre el problema, me di cuenta de que Júpiter tiene todos los ingredientes para un reactor de fisión nuclear planetocéntrico, y apliqué la teoría de los reactores nucleares de Fermi para demostrar la viabilidad de que la producción de energía interna y la turbulencia atmosférica en los planetas gigantes se produjera mediante reactores de fisión nuclear planetocéntricos. Mi artículo científico sobre el tema fue publicado por *Naturwissenschaften* en 1992 [16].

Figura 5.5. Turbulencia en las atmósferas de Júpiter, Saturno y Neptuno, pero no visible en la atmósfera de Urano, representada en la parte inferior izquierda.

Inicialmente, pensé que el hidrógeno sería necesario para frenar los neutrones en la reacción de fisión nuclear en cadena (Figura 5.3), pero rápidamente me di cuenta de que el hidrógeno no era en absoluto necesario. Eso abrió la posibilidad de que hubiera reactores centrales de fisión nuclear en el interior de otros planetas y grandes lunas, como Io, que pudieran alimentar y producir sus campos magnéticos [3, 4, 6, 7, 11, 16-19, 77]. Que yo sepa, a lo largo de 39 años, los científicos financiados por la NASA nunca han citado mi trabajo sobre los reactores de fisión nuclear en el interior de los planetas y las grandes lunas, a pesar de haber sido publicado en algunas de las revistas científicas más importantes del mundo [3, 4, 6, 7, 11, 16-19, 77, 195].

IGNICIÓN TERMONUCLEAR DE LAS ESTRELLAS

Poco después de publicar mi demostración de la viabilidad de los reactores de fisión nuclear para los planetas gigantes [16], empecé a pensar en que Júpiter fuera similar, pero demasiado pequeño, para haberse convertido en una estrella. Una estrella es como una bomba de hidrógeno que se mantiene unida por la gravedad, y todas las bombas de hidrógeno se encienden con sus propios pequeños dispositivos atómicos (de fisión nuclear). ¿Es posible que las reacciones termonucleares de las estrellas se enciendan por reacciones nucleares de fisión en cadena? ¿Podría la comunidad de astrofísicos haberlo pasado por alto? Eso parecía poco probable, sobre todo porque tanto Teller como Bethe habían realizado trabajos pioneros sobre las reacciones termonucleares que alimentan el sol, y ambos habían trabajado en el desarrollo de bombas de hidrógeno. De hecho, Edward Teller es conocido como *el padre de la bomba de hidrógeno.*

No obstante, me dirigí a la biblioteca de ciencias e investigué meticulosamente la literatura. No encontré ninguna mención a la ignición termonuclear estelar por fisión nuclear en las revistas científicas. Y para asegurarme, incluso contraté a un bibliotecario de investigación para que buscara en todas las bases de datos disponibles en Internet. Esa búsqueda informática seguía sin revelar ninguna mención a la ignición termonuclear estelar por fisión nuclear. ¡Increíble! Teller y Bethe se habían olvidado de mirar o de reconsiderar su trabajo anterior a la luz de las lecciones aprendidas de su trabajo posterior.

Enseguida escribí un breve artículo científico sobre la ignición termonuclear de las estrellas por reacciones nucleares en cadena de fisión, que fue rechazado por varias revistas antes de ser aceptado para su publicación en las Actas de la *Royal Society* de Londres [18]. Uno de los rechazos se basó en el comentario de un revisor anónimo de que "*Herndon está tirando a la basura cuarenta años de astrofísica*". ¿Qué hay de malo en ello? La ciencia progresa encontrando lo que está mal en las ideas actuales y corrigiéndolas. Los científicos deberían haber dado la bienvenida a mi cambio de paradigma, ya que ofrece nuevas perspectivas y abre nuevas posibilidades a los descubrimientos científicos [33].

NUEVA VISIÓN SOBRE LA NATURALEZA DE LA MATERIA OSCURA

Siempre he tenido la experiencia de que los nuevos conocimientos y descubrimientos conducen inevitablemente a otros nuevos conocimientos y a otros nuevos descubrimientos. En el viejo y defectuoso paradigma, incuestionablemente se piensa que las estrellas (excepto las diminutas enanas marrones) se encienden por colapso gravitatorio durante su formación. En mi nuevo paradigma, sin embargo, la ignición estelar requiere la presencia de elementos muy pesados, como el uranio o el plutonio, para que se produzcan reacciones nucleares de fisión en cadena. Sin elementos pesados fisionables, tras el enfriamiento por contracción, las estrellas serían estrellas oscuras. Sin el calor generado por las reacciones termonucleares para expandir su gas, una estrella oscura de la masa del Sol tendría un diámetro similar al de la Tierra. Una de las consecuencias de mi nueva visión sobre la ignición de las estrellas es que arroja luz sobre la naturaleza de la materia oscura [18].

Una galaxia espiral, como la que se muestra en la Figura 5.6, representa un conjunto dinámicamente inestable de estrellas que hipotéticamente se enrollaría alrededor de su centro de rotación, a menos que esté rodeada por un halo masivo de materia (oscura) invisible 10-100 veces más masivo que el de las estrellas luminosas [312]. En la Figura 6, este halo de materia oscura aún no observado se ilustra en color verde. Sugerí que la materia oscura que rodea a las galaxias luminosas está compuesta por estrellas oscuras, consecuencia de la no ignición estelar que resulta de la ausencia de elementos fisionables. Incluso señalé una prueba que lo corrobora, a saber, la asociación de estrellas poco metálicas en las regiones que se cree están pobladas por materia oscura [18].

Figura 5.6. Típica galaxia espiral. El halo verde hipotético muestra la región en la que se cree que reside la materia oscura, que confiere estabilidad dinámica a la configuración luminosa de las estrellas [312].

La cuestión de lo que constituye la materia oscura es objeto de un activo debate en la comunidad astrofísica, con una amplia gama de posibilidades exóticas discutidas, como los hipotéticos axiones y los putativos agujeros negros primordiales [313]. Que yo sepa, en los 27 años transcurridos desde la publicación de mi concepto de materia oscura consistente en estrellas oscuras [18], ningún astrofísico ha citado mi sugerencia de que las estrellas oscuras de metalicidad cero pueden representar al menos una parte significativa de la materia oscura del Universo.

IGNICIÓN TERMONUCLEAR DE GALAXIAS OSCURAS

La figura 5.7 es una vista de campo profundo del telescopio

espacial Hubble que muestra aproximadamente 15.000 galaxias. Hay dos características que llaman la atención y que exigen una explicación. En primer lugar, entre este gran número de galaxias, sólo hay unas pocas morfologías destacadas, lo que sugiere que las condiciones de formación son comunes. En segundo lugar, una gran proporción de las galaxias luminosas observables son planas, no esféricas.

Figura 5.7. Fotografía de campo profundo del telescopio espacial Hubble que muestra aproximadamente 15.000 galaxias.

Los astrónomos han aportado una gran cantidad de observaciones sobre la materia del Universo. Los astrofísicos intentan explicar esas observaciones, pero se ven perjudicados por fallos científicos, por ejemplo, por hacer modelos basados en suposiciones en lugar de hacer descubrimientos, por ignorar conceptos contradictorios y por aceptar, sin rechistar, ideas obtusas. Incluyo entre esas ideas obtusas el concepto de que el

Universo surgió de un punto de la nada hace unos 13.800 millones de años, y que en el centro de las galaxias la materia desaparece para siempre en agujeros negros.

Gracias a mi larga experiencia, he aprendido que la naturaleza puede entenderse normalmente como algo que opera de forma lógica y causal, sin necesidad de suposiciones no científicas.

Las galaxias son conjuntos masivos de materia, algunos de los cuales contienen hasta mil millones de estrellas luminosas. A medida que la materia del centro galáctico se vuelve extremadamente masiva, no desaparece para siempre en la nada de los agujeros negros, sino que la materia sale en chorro del centro galáctico hacia el espacio en forma de chorros galácticos monopolares o bipolares (Figura 5.8).

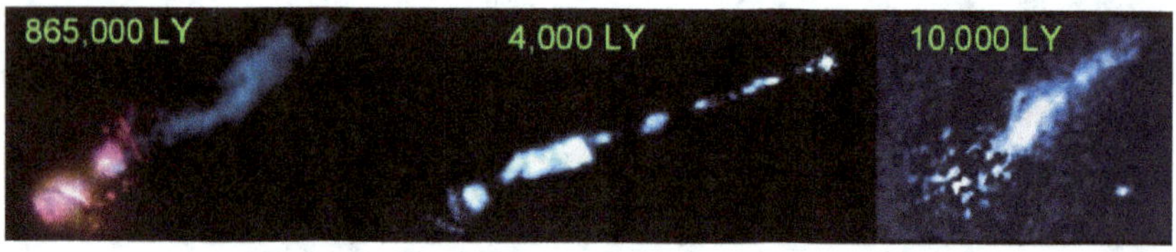

Figura 5.8. Imágenes del telescopio espacial Hubble de chorros galácticos con sus longitudes indicadas en años luz.

Como he publicado anteriormente [6, 18, 27, 291, 314], las características morfológicas y las distribuciones de estrellas luminosas galácticas pueden entenderse de forma lógica y causalmente relacionada.

Consideremos una galaxia oscura formada únicamente por estrellas oscuras de metalicidad cero, estrellas formadas únicamente por hidrógeno y helio. Cuando la materia oscura se fusiona y se vuelve extremadamente densa en el centro de la galaxia, en algún momento éste dispara su primer chorro galáctico. El chorro galáctico, sostengo, siembra cualquiera de las estrellas oscuras entrando en contacto con elementos fisionables, capaces de producir reacciones nucleares de fisión en cadena, y proporcionando así las temperaturas de millones de grados necesarias para encender sus reacciones de fusión termonuclear estelar [27, 291].

¿Qué aspecto tendría una galaxia oscura esférica después de su primer chorro galáctico? Las figuras 5.9a, b muestran dos ejemplos.

Figura 5.9a, NGC 4676, conocidas como las *Galaxias del Ratón*, son dos galaxias espirales. Observe la "cola" de la galaxia de la derecha. Se trata de una línea de estrellas luminosas que se encendieron cuando esa galaxia envió desde su centro su primer chorro galáctico, el cual sembró las estrellas oscuras que encontró con elementos fisionables que produjeron reacciones nucleares en cadena de fisión que proporcionaron las temperaturas de millones de grados para encender sus reacciones de fisión termonuclear, convirtiendo así las estrellas oscuras en estrellas luminosas.

La figura 5.9b, UGC 10214, conocida como la *Galaxia del Renacuajo*, es una galaxia espiral barrada en la primera etapa de luminosidad, cuando los chorros galácticos enviados desde su centro comienzan a sembrar sus estrellas oscuras con elementos fisionables que, mediante reacciones nucleares en cadena de fisión, encienden las estrellas oscuras encontradas por los chorros galácticos.

Las figuras 5.9c, d muestran distribuciones de estrellas luminosas galácticas más evolucionadas que, sin embargo, exhiben la trayectoria de los antiguos chorros galácticos que proporcionaron el componente de elementos pesados que permitió la ignición termonuclear estelar. ¿Y qué hay de la materia oscura necesaria para la estabilidad dinámica de las estructuras luminosas? Está ahí, en la parte no encendida de las galaxias oscuras esféricas.

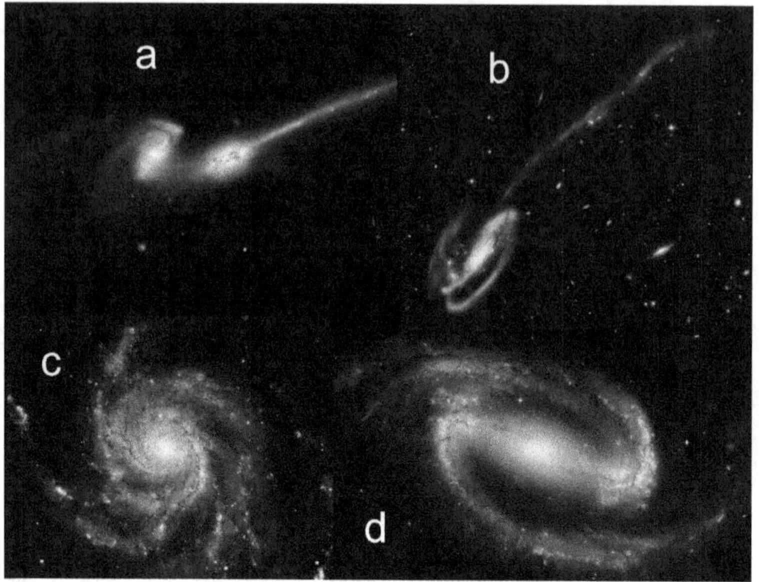

Figura 5.9. Imagen del Telescopio Espacial Hubble de (a) NGC 4676, *Galaxias Ratón*, (b) UGC 10214, *Galaxia Renacuajo*, (c) galaxia espiral, M101, y (d) galaxia espiral barrada, NGC 1300.

ORIGEN DE LOS ELEMENTOS

En un artículo científico de 1957, titulado "Síntesis de los elementos en las estrellas", Burbidge, Burbidge, Fowler y Hoyle [315] postularon que los elementos químicos se sintetizan en las estrellas mediante una serie de procesos. Sin embargo, se suponía que los elementos pesados se producían únicamente por "captura rápida de neutrones" durante las explosiones de supernovas. Estas ideas siguen siendo ampliamente creídas [127]. Las observaciones posteriores [18], según mi opinión, conducen a una comprensión fundamentalmente diferente del origen de los elementos [314], que describo brevemente aquí.

Los astrofísicos agrupan las estrellas en dos categorías en función de su contenido en metales. La asociación de estrellas de bajo contenido metálico en la región que se cree poblada por estrellas sin metal, es decir, estrellas oscuras [18], me sugiere que existen dos fuentes primarias de elementos químicos. Una de las dos fuentes primarias consiste únicamente en una mezcla de hidrógeno y helio (el material de las estrellas de metalicidad cero). La otra fuente primaria consiste en la materia nuclear expulsada del centro galáctico que produce no sólo los elementos fisionables que encienden las reacciones de fusión termonuclear, sino prácticamente todos los elementos más pesados que el hidrógeno y el helio. En segundo lugar, a lo largo de su vida, las estrellas pueden sintetizar algunos elementos internamente, además de acumular posiblemente restos de traumas astrofísicos anteriores.

ESPECULACIONES SOBRE LA NATURALEZA DEL UNIVERSO

Todos los intentos, en este momento, de comprender la naturaleza del Universo deben calificarse propiamente de especulación, no de ciencia. Pero la "*especulación admirable*", para usar las palabras de Galileo [25], es sin embargo una parte importante de la ciencia, ya que representa un intento de empezar a entender una incógnita científica.

En 1929, Hubble [316] observó que cuanto más lejana está una galaxia, más se desplaza su espectro de luz hacia el rojo. Hubble adoptó la interpretación de Slipher [317] para los desplazamientos del espectro galáctico como desplazamientos de frecuencia Doppler causados por la velocidad radial. Para Hubble y los que le siguieron, esencialmente todas las galaxias se alejan de nosotros, y cuanto más lejos están de nosotros, más rápido se alejan. Entonces, ¿cómo puede ser eso? Si la interpretación del desplazamiento Doppler es correcta, cosa que dudo seriamente, entonces debe significar que el Universo se está expandiendo. Esa interpretación es la base subyacente de la teoría del Big Bang, según la cual el Universo se expande desde un punto de la nada. No tiene sentido.

La suposición implícita que subyace a la expansión de Hubble es que si no hubiera expansión, la luz viajaría *eternamente* sin cambiar de frecuencia y longitud de onda. Muchos astrónomos, que se remontan a Johannes Kepler (1571-1630), han observado, a su manera, que si el Universo no se expande y es más o menos homogéneo y tiene un tamaño esencialmente *infinito* y ha existido esencialmente desde siempre, entonces el cielo nocturno debería estar lleno de luz de fondo. Pero el cielo nocturno parece oscuro, simplemente iluminado por puntos de luz de estrellas y galaxias lejanas.

Pero, ¡ojo! El cielo está efectivamente lleno de luz de fondo, solo que es una luz no visible para el ojo humano. Esa luz ha alargado su longitud de onda y es, de hecho, la radiación electromagnética del fondo cósmico de microondas descubierta por Penzias y Wilson [318] (no es una reliquia del *big bang*, como algunos creen). La luz, según propongo, alarga su longitud de onda en su largo tránsito por el espacio interestelar a medida que pierde energía/masa por la interacción con la materia *infinitesimal* a lo largo de su recorrido, redistribuyendo así su energía/masa a lo largo de una parte del Universo, acercándose al equilibrio cósmico entre su radiación electromagnética y la materia *infinitesimal*.

Presumiblemente, con mucho margen para la especulación, esa materia *infinitesimal* se convierte, mediante reacciones aún desconocidas, en hidrógeno y helio, los elementos primordiales que a su vez se convierten en la materia de las estrellas oscuras, que luego se atraen gravitatoriamente y forman galaxias oscuras. A medida que la materia oscura galáctica se fusiona y se vuelve extremadamente densa en su centro, en algún momento comienza a disparar chorros galácticos. Estos chorros, formados por la materia nuclear madre de los elementos más pesados que el hidrógeno y el helio, siembran las estrellas oscuras entrando en contacto con elementos fisionables y produciendo reacciones nucleares en cadena de fisión, la cuales aportan las temperaturas de millones de grados necesarias para encender las reacciones de fusión termonuclear que iluminan las estrellas formalmente oscuras. Las estrellas ahora luminosas irradian su luz visible hacia el Universo, comenzando de nuevo la redistribución de energía/materia en el Universo.

Por lo tanto, el Universo no tiene un principio evidente ni un final previsible. Presumiblemente, el Universo es finito, pero sin límites.

CONCLUSIONES

El hecho de que el Universo no tenga un principio evidente ni un final previsible tiene implicaciones tanto filosóficas como teológicas. En la cosmología aquí descrita, el principio, el fin y la edad del Universo ya no son determinables mediante metodologías científicas. En este caso, la ciencia ya no supera a la teología.

Los conocimientos críticos sobre la ignición termonuclear de las estrellas, y las implicaciones derivadas de ellos, aunque publicados en la literatura científica, no han sido citados o han sido ignorados por la comunidad científica. Esto es indicativo de un problema mayor y mucho más devastador. El engaño flagrante y la falta de verdad impregnan la oficialidad en todo el mundo y no deberían tolerarse, ya que estas prácticas suponen una amenaza muy real para la civilización y la libertad individual. Recordemos las palabras: *y conoceréis la verdad, y la verdad os hará libres* (Juan 8:32).

6 REFERENCIAS

1. Suess, E., *Das Antlitz der Erde*. 1885, Prague and Vienna: F. Tempky.

2. Herndon, J.M., *The nickel silicide inner core of the Earth*. Proc. R. Soc. Lond, 1979. **A368**: p. 495-500.

3. Herndon, J.M., *Sub-structure of the inner core of the earth*. Proc. Nat. Acad. Sci. USA, 1996. **93**: p. 646-648.

4. Herndon, J.M., *Nuclear georeactor origin of oceanic basalt $^3He/^4He$, evidence, and implications*. Proc. Nat. Acad. Sci. USA, 2003. **100**(6): p. 3047-3050.

5. Herndon, J.M., *Whole-Earth decompression dynamics*. Curr. Sci., 2005. **89**(10): p. 1937-1941.

6. Herndon, J.M., *Nuclear georeactor generation of the earth's geomagnetic field*. Curr. Sci., 2007. **93**(11): p. 1485-1487.

7. Herndon, J.M., *Nature of planetary matter and magnetic field generation in the solar system*. Curr. Sci., 2009. **96**(8): p. 1033-1039.

8. Herndon, J.M., *Geodynamic Basis of Heat Transport in the Earth*. Curr. Sci., 2011. **101**(11): p. 1440-1450.

9. Herndon, J.M., *Hydrogen geysers: Explanation for observed evidence of geologically recent volatile-related activity on Mercury's surface*. Curr. Sci., 2012. **103**(4): p. 361-361.

10. Herndon, J.M., *New indivisible planetary science paradigm*. Curr. Sci., 2013. **105**(4): p. 450-460.

11. Herndon, J.M., *Terracentric nuclear fission georeactor: background, basis, feasibility, structure, evidence and geophysical implications*. Curr. Sci., 2014. **106**(4): p. 528-541.

12. Herndon, J.M., *New Concept for the Origin of Fjords and Submarine Canyons: Consequence of Whole-Earth Decompression Dynamics*. Journal of Geography, Environment and Earth Science International, 2016. **7**(4): p. 1-10.

13. Herndon, J.M., *Air pollution, not greenhouse gases: The principal cause of global warming.* J. Geog. Environ. Earth Sci. Intn., 2018. **17**(2): p. 1-8.

14. Herndon, J.M., *Cataclysmic geomagnetic field collapse: Global security concerns.* Journal of Geography, Environment and Earth Science International, 2020. **24**(4): p. 61-79.

15. Herndon, J.M., *Nature of the Universe: astrophysical paradigm shifts.* Advances in Social Sciences Research Journal, 2021. **8**(1): p. 631-645.

16. Herndon, J.M., *Nuclear fission reactors as energy sources for the giant outer planets.* Naturwissenschaften, 1992. **79**: p. 7-14.

17. Herndon, J.M., *Feasibility of a nuclear fission reactor at the center of the Earth as the energy source for the geomagnetic field.* J. Geomag. Geoelectr., 1993. **45**: p. 423-437.

18. Herndon, J.M., *Planetary and protostellar nuclear fission: Implications for planetary change, stellar ignition and dark matter.* Proc. R. Soc. Lond, 1994. **A455**: p. 453-461.

19. Hollenbach, D.F. and J.M. Herndon, *Deep-earth reactor: nuclear fission, helium, and the geomagnetic field.* Proc. Nat. Acad. Sci. USA, 2001. **98**(20): p. 11085-11090.

20. Herndon, J.M., *Causes and consequences of geomagnetic field collapse.* J. Geog. Environ. Earth Sci. Intn., 2020. **24**(9): p. 60-76.

21. Herndon, J.M., *True science for government leaders and educators: The main cause of global warming.* Advances in Social Sciences Research Journal, 2020. **7**(7): p. 106-114.

22. Herndon, J.M., *Humanity imperiled by the geomagnetic field and human corruption.* Advances in Social Sciences Research Journal, 2021. **8**(1): p. 456-478.

23. Herndon, J.M., *Reasons why geomagnetic field generation is physically impossible in Earth's fluid core.* Advances in Social Sciences Research Journal, 2021. **8**(5): p. 84-97.

24.   Herndon, J.M., *Whole-Earth decompression dynamics: new Earth formation geoscience paradigm fundamental basis of geology and geophysics.* Advances in Social Sciences Research Journal, 2021. **8**(2): p. 340-365.

25.   Drake, S., ed. *Discoveries and Opinions of Galileo.* 1956, Doubleday: New York. 301.

26.   Box, G.E.P., *Empirical Model-Building and Response Surfaces.* 1987: Wiley.

27.   Herndon, J.M., *Inseparability of science history and discovery.* Hist. Geo Space Sci., 2010. **1**: p. 25-41.

28.   Copernicus, N., *De revolutionibus orbium coelestium.* 1543, Nuremberg: Johannes Petreius. 405.

29.   Stimson, D., *The Gradual Acceptance of the Copernican Theory of the Universe*, in *Faculty of Political Science.* 1917, Columbia University: Hanover, New Hampshire. p. 149.

30.   Heath, T.L., *The works of Archimedes.* 1897, Cambridge: Cambridge University Press.

31.   Yangshen, S., et al., *Plate tectonics of east Qinling mountains, China.* Tectonophysics, 1990. **181**(1-4): p. 25-30.

32.   Herndon, J.M., *Fictitious Supercontinent Cycles.* Journal of Geography, Environment and Earth Science International, 2016. **7**(1): p. 1-7.

33.   Kuhn, T.S., *The Structure of Scientific Revolutions.* 1962, Chicago, IL, USA: University of Chicago Press.

34.   Illy, J., *Einstein's Gyros.* Physics in Perspective, 2019. **21**(4): p. 274-295.

35.   Courtillot, V. and J.L. Le Mouël, *The study of Earth's magnetism (1269–1950): A foundation by Peregrinus and subsequent development of geomagnetism and paleomagnetism.* Reviews of Geophysics, 2007. **45**(3).

36.   Needham, J., *Science and Civilisation in China, vol. 4, Physics and Physical Technology, Part 1, Physics,.* 1962, New York: Cambridge University Press.

37.   Gilbert, W., *De Magnete.* 1600, London: Peter Short. 240.

38. Gauss, J.C.F., *Allgemeine Theorie des Erdmagnetismus: Resultate aus den Beobachtungen des magnetischen Vereins in Jahre 1838*. 1838, Leipzig. 73.

39. Faraday, M., *Experimental researches in electricity, vol. III*. London, UK: Richard Taylor and William Francis, 1855: p. 1846-1852.

40. Oldham, R.D., *The constitution of the interior of the earth as revealed by earthquakes*. Q. T. Geol. Soc. Lond., 1906. **62**: p. 456-476.

41. Elsasser, W.M., *On the origin of the Earth's magnetic field*. Phys. Rev., 1939. **55**: p. 489-498.

42. Elsasser, W.M., *Induction effects in terrestrial magnetism*. Phys. Rev., 1946. **69**: p. 106-116.

43. Elsasser, W.M., *The Earth's interior and geomagnetism*. Revs. Mod. Phys., 1950. **22**: p. 1-35.

44. Kirschvink, J.L., *Magnetite biomineralization and geomagnetic sensitivity in higher animals: an update and recommendations for future study*. Bioelectromagnetics: Journal of the Bioelectromagnetics Society, The Society for Physical Regulation in Biology and Medicine, The European Bioelectromagnetics Association, 1989. **10**(3): p. 239-259.

45. Sequeira, A.M., *Animal Navigation: The Mystery of Open Ocean Orientation*. Current Biology, 2020. **30**(18): p. R1054-R1056.

46. Russell, C., *The solar wind interaction with the Earth's magnetosphere: A tutorial*. IEEE transactions on plasma science, 2000. **28**(6): p. 1818-1830.

47. Marusek, J.A., *Solar storm threat analysis*. 2007: J. Marusek.

48. Oughton, E.J., et al., *A risk assessment framework for the socioeconomic impacts of electricity transmission infrastructure failure due to space weather: An application to the United Kingdom*. Risk Analysis, 2019. **39**(5): p. 1022-1043.

49. Cannon, P., et al., *Extreme space weather: impacts on engineered systems and infrastructure.* 2013: Royal Academy of Engineering.

50. Baldwin, I., *Discovery of electricity and the electromagnetic force: Its importance for environmentalists, educators, physicians, politicians, and citizens.* Advances in Social Sciences Research Journal, 2020. **7**(12): p. 362-383.

51. Williams, T.J., *Cataclysmic Polarity Shift is US National Security Prepared for the Next Geomagnetic Pole Reversal.* 2015, Air Command and Staff Colleage, Maxwell AFB United States.

52. Li, J., et al., *Shock melting curve of iron: A consensus on the temperature at the Earth's inner core boundary.* Geophysical Research Letters, 2020. **47**(15): p. e2020GL087758.

53. Herndon, J.M., *New concept for internal heat production in hot Jupiter exo-planets.* https://arxiv.org/ftp/astro-ph/papers/0612/0612603.pdf 2006.

54. Gutenberg, B., Zeitschrift Geophysik, 1926. **2**: p. 24-29.

55. Mohorovicic, A., Jb. Met. Obs. Zagreb, 1909. **9**: p. 1-63.

56. Lehmann, I., *P'.* Publ. Int. Geod. Geophys. Union, Assoc. Seismol., Ser. A, Trav. Sci., 1936. **14**: p. 87-115.

57. Birch, F., *The transformation of iron at high pressures, and the problem of the earth's magnetism.* Am. J. Sci., 1940. **238**: p. 192-211.

58. Herndon, J.M. and H.E. Suess, *Can enstatite meteorites form from a nebula of solar composition?* Geochim. Cosmochim. Acta, 1976. **40**: p. 395-399.

59. Herndon, J.M., *The chemical composition of the interior shells of the Earth.* Proc. R. Soc. Lond, 1980. **A372**: p. 149-154.

60. Griffin, A.A., P.M. Millman, and I. Halliday, *The fall of the Abee meteorite and its probable orbit.* Journal of the Royal Astronomical Society of Canada, 1992. **86**: p. 5-14.

61. Dawson, K.R., J.A. Maxwell, and D.E. Parsons, *A description of the meteorite which fell near Abee, Alberta, Canada.* Geochim. Cosmochim. Acta, 1960. **21**: p. 127-144.

62. Herndon, J.M. and M.L. Rudee, *Thermal history of the Abee enstatite chondrite.* Earth. Planet. Sci. Lett., 1978. **41**: p. 101-106.

63. Rudee, M.L. and J.M. Herndon, *Thermal history of the Abee enstatite chondrite II, Thermal measurements and heat flow calculations.* Meteoritics, 1981. **16**: p. 139-140.

64. Keil, K., *Mineralogical and chemical relationships among enstatite chondrites.* J. Geophys. Res., 1968. **73**(22): p. 6945-6976.

65. Dziewonski, A.M. and F. Gilbert, *Observations of normal modes from 84 recordings of the Alaskan earthquake of 1964 March 28.* Geophys. Jl. R. Astr. Soc., 1972. **72**: p. 393-446.

66. Dahm, C.G., *New values for dilatational wave-velocities through the Earth.* Eos, Transactions American Geophysical Union, 1934. **15**(1): p. 80-83.

67. Bullen, K.E., *A hypothesis on compressibility at pressures on the order of a million atmospheres.* Nature, 1946. **157**: p. 405.

68. Vidale, J.E. and H.M. Benz, *Seismological mapping of the fine structure near the base of the Earth's mantle.* Nature, 1993. **361**: p. 529-532.

69. Mao, W.L., et al., *Ferromagnesian postperovskite silicates in the D'' layer of the Earth.* Proc. Nat. Acad. Sci. USA, 2004. **101**(45): p. 15867-15869.

70. Chandler, B., et al., *Exploring microstructures in lower mantle mineral assemblages with synchrotron x-rays.* Science Advances, 2021. **7**(1): p. eabd3614.

71. Maruyama, S., M. Santosh, and D. Zhao, *Superplume, supercontinent, and post-perovskite: mantle dynamics and anti-plate tectonics on the core–mantle boundary.* Gondwana Research, 2007. **11**(1-2): p. 7-37.

72. Herndon, J.M., *Scientific basis of knowledge on Earth's composition.* Curr. Sci., 2005. **88**(7): p. 1034-1037.

73. Herndon, J.M., *The object at the centre of the Earth.* Naturwissenschaften, 1982. **69**: p. 34-37.

74. Murrell, M.T. and D.S. Burnett, *Actinide microdistributions in the enstatite meteorites.* Geochim. Cosmochim. Acta, 1982. **46**: p. 2453-2460.

75. Galer, S. and R. O'nions, *Residence time of thorium, uranium and lead in the mantle with implications for mantle convection.* Nature, 1985. **316**(6031): p. 778-782.

76. Fermi, E., *Elementary theory of the chain-reacting pile.* Science, Wash., 1947. **105**: p. 27-32.

77. Herndon, J.M., *Examining the overlooked implications of natural nuclear reactors.* Eos, Trans. Am. Geophys. U., 1998. **79**(38): p. 451,456.

78. Rao, K.R., *Nuclear reactor at the core of the Earth! - A solution to the riddles of relative abundances of helium isotopes and geomagnetic field variability.* Curr. Sci., 2002. **82**(2): p. 126-127.

79. Craig, H. and J. Lupton, *Primordial neon, helium, and hydrogen in oceanic basalts.* Earth and Planetary Science Letters, 1976. **31**(3): p. 369-385.

80. Anderson, D.L., *Helium-3 from the mantle - Primordial signal or cosmic dust?* Science, 1993. **261**(5118): p. 170-176.

81. Honda, M. and I. McDougall, *Primordial helium and neon in the Earth—a speculation on early degassing.* Geophysical research letters, 1998. **25**(11): p. 1951-1954.

82. Rasmussen, M., et al., *Olivine chemistry reveals compositional source heterogeneities within a tilted mantle plume beneath Iceland.* Earth and Planetary Science Letters, 2020. **531**: p. 116008.

83. Mundl-Petermeier, A., et al., *Anomalous 182W in high 3He/4He ocean island basalts: Fingerprints of Earth's core?* Geochimica et Cosmochimica Acta, 2020. **271**: p. 194-211.

84. Anderson, D.L., *The statistics of helium isotopes along the global spreading ridge system and the central limit theorem.* Geophys. Res. Lett., 2000. **27**(16): p. 2401-2404.

85. Dodson, A., B.M. Kennedy, and D.J. DePaolo, *Helium and neon isotopes in the Imnaha Basalt, Columbia River Basalt Group: evidence for a Yellowstone plume source.* Earth and Planetary Science Letters, 1997. **150**(3-4): p. 443-451.

86. Honda, M., et al., Geochim. Cosmochim. Acta, 1993. **57**: p. 859-874.

87. Lin, H.-T., et al., *Mantle degassing of primordial helium through submarine ridge flank basaltic basement.* Earth and Planetary Science Letters, 2020. **546**: p. 116386.

88. Jackson, M., J. Konter, and T. Becker, *Primordial helium entrained by the hottest mantle plumes.* Nature, 2017. **542**(7641): p. 340-343.

89. Starkey, N.A., et al., *Helium isotopes in early Iceland plume picrites: Constraints on the composition of high 3He/4He mantle.* Earth and Planetary Science Letters, 2009. **277**(1-2): p. 91-100.

90. Raghavan, R.S. and e. al., *Measuring the global radioactivity in the Earth by multidectector antineutrino spectroscopy.* Phys. Rev. Lett., 1998. **80**(3): p. 635-638.

91. Raghavan, R.S., *Detecting a nuclear fission reactor at the center of the earth.* https://arxiv.org/ftp/hep-ex/papers/0208/0208038.pdf

92. Domogatski, G.V., et al., *Neutrino geophysics at Baksan I: Possible detection of georeactor antineutrinos.* Physics of Atomic Nuclei, 2005. **68**(1): p. 69-72.

93. Fogli, G., et al., *KamLAND neutrino spectra in energy and time: Indications for reactor power variations and constraints on the georeactor.* Physics Letters B, 2005. **623**(1-2): p. 80-92.

94. Smirnov, O., *Experimental aspects of geoneutrino detection: Status and perspectives.* Progress in Particle and Nuclear Physics, 2019. **109**: p. 103712.

95. Кузьмичев, Л., *Нейтринная астрофизика. Характеристика нейтринного импульса*», НИИЯФ МГУ, 2019.

96. Domogatski, G., et al., *Neutrino geophysics at Baksan I: Possible detection of Georeactor Antineutrinos.* arXiv:hep-ph/0401221 v1 2004.

97. Araki, T., et al., *Experimental investigation of geologically produced antineutrinos with KamLAND.* Nature, 2005. **436**: p. 499-503.

98. McDonough, W.F., *Earth sciences: Ghosts from within.* Nature, 2005. **436**: p. 467-468.

99. Gando, A., et al., *Reactor on-off antineutrino measurement with KamLAND.* Physical Review D, 2013. **88**(3): p. 033001.

100. Agostini, M., et al., *Comprehensive geoneutrino analysis with Borexino.* Physical Review D, 2020. **101**(1): p. 012009.

101. Herndon, J.M., *Maverick's Earth and Universe.* 2008, Vancouver: Trafford Publishing. ISBN 978-1-4251-4132-5.

102. Herndon, J.M., *Uniqueness of Herndon's georeactor: Energy source and production mechanism for Earth's magnetic field.* https://arxiv.org/ftp/arxiv/papers/0901/0901.4509.pdf

103. Herndon, J.M., *Reevaporation of condensed matter during the formation of the solar system.* Proc. R. Soc. Lond, 1978. **A363**: p. 283-288.

104. Herndon, J.M., *Corruption of Science in America*, in *The Dot Connector.* 2011. http://www.nuclearplanet.com/corruption.pdf.

105. Herndon, J.M., *Make America Great Again in Science: A Guide for All Sovereign Nations.* Advances in Social Sciences Research Journal, 2020. **7**(4): p. 310-317.

106. Herndon, J.M., *Some reflections on science and discovery.* Curr. Sci., 2015. **108**(11): p. 1967-1968.

107. Corredoira, M.L. and C.C. Perelman, eds. *Against the Tide: A Critical Review by Scientists of How Physics & Astronomy Get Done.* 2008, Universal Publishers: Boca Raton, Florida, USA. 265.

108. Chamberlin, T.C., *A group of hypotheses bearing on climatic changes.* The journal of geology, 1897. **5**(7): p. 653-683.

109. Moulton, F., *An attempt to test the nebular hypothesis by an appeal to the laws of dynamics.* The Astrophysical Journal, 1900. **11**: p. 103.

110. Chamberlin, T. and F. Moulton, *The development of the planetesimal hypothesis.* Science, 1909. **30**(775): p. 642-645.

111. Cameron, A.G.W., *Formation of the solar nebula.* Icarus, 1963. **1**: p. 339-342.

112. Goldrich, P. and W.R. Ward, *The formation of planetesimals.* Astrophys J., 1973. **183**(3): p. 1051-1061.

113. Chambers, J. and G. Wetherill, *Making the terrestrial planets: N-body integrations of planetary embryos in three dimensions.* Icarus, 1998. **136**(2): p. 304-327.

114. Larimer, J.W., *Chemistry of the solar nebula.* Space Sci. Rev., 1973. **15**(1): p. 103-119.

115. Mehta, A.V., *The role of vortices in the formation of the solar system.* 1998, Massachusetts Institute of Technology.

116. Bell, J.F., *Water on planets.* Proceedings of the International Astronomical Union, 2009. **5**(H15): p. 29-44.

117. Leigh, C., *The detection and characterisation of extrasolar planets.* 2004, University of St Andrews.

118. Grossman, L., *Condensation in the primitive solar nebula.* Geochim. Cosmochim. Acta, 1972. **36**: p. 597-619.

119. Elkins-Tanton, L.T., *Magma oceans in the inner solar system.* Annual Review of Earth and Planetary Sciences, 2012. **40**: p. 113-139.

120. Siebert, J., et al., *Metal–silicate partitioning of Ni and Co in a deep magma ocean.* Earth and Planetary Science Letters, 2012. **321**: p. 189-197.

121. Murray, N., et al., *Migrating planets.* Science, 1998. **279**(5347): p. 69-72.

122. Herndon, J.M., *Evidence contrary to the existing exo-planet migration concept.* https://arxiv.org/ftp/astro-ph/papers/0612/0612726.pdf

123. Toci, C., et al., *Planet migration, resonant locking, and accretion streams in PDS 70: comparing models and data.* Monthly Notices of the Royal Astronomical Society, 2020. **499**(2): p. 2015-2027.

124. Mojzsis, S.J., et al., *Onset of giant planet migration before 4480 million years ago.* The Astrophysical Journal, 2019. **881**(1): p. 44.

125. Mason, B., *The classification of chondritic meteorites.* Amer. Museum Novitates, 1962. **2085**: p. 1-20.

126. Suess, H.E. and H.C. Urey, *Abundances of the elements.* Rev. Mod. Phys., 1956. **28**: p. 53-74.

127. Anders, E. and N. Grevesse, *Abundances of the elements: Meteoritic and solar.* Geochimica et Cosmochimica acta, 1989. **53**(1): p. 197-214.

128. Herndon, J.M. and H.E. Suess, *Can the ordinary chondrites have condensed from a gas phase?* Geochim. Cosmochim. Acta, 1977. **41**: p. 233-236.

129. Herndon, J.M., *Discovery of fundamental mass ratio relationships of whole-rock chondritic major elements: Implications on ordinary chondrite formation and on planet Mercury's composition.* Curr. Sci., 2007. **93**(3): p. 394-398.

130. Larson, E., et al., *Thermomagnetic analysis of meteorites, 1. C1 chondrites.* Earth and Planetary Science Letters, 1974. **21**(4): p. 345-350.

131. Hyman, M., R. MW, and H. JM, *Magnetite heterogeneity among Cl chondrites.* Geochemical Journal, 1979. **13**(1): p. 37-39.

132. Kant, I., *Allgemeine Naturgeschichte und Theorie des Himmels (Universal natural history and theory of the heavens).* Trans. by Ian Johnston. Arlington, VA: Richer Resources, 1755.

133. Laplace, P.S.d. *Pierre Simon de Laplace*. in *Exposition du système du monde*. 1796.

134. Eucken, A., *Physikalisch-chemische Betrachtungen ueber die frueheste Entwicklungsgeschichte der Erde*. Nachr. Akad. Wiss. Goettingen, Math.-Kl., 1944: p. 1-25.

135. Kuiper, G.P., *On the evolution of the protoplanets*. Proc. Nat. Acad. Sci. USA, 1951. **37**: p. 383-393.

136. Urey, H.C., *On the Dissipation of Gas and Volatilized Elements from Protoplanets*. The Astrophysical Journal Supplement Series, 1954. **1**: p. 147.

137. Herndon, J.M., *Composition of the deep interior of the earth: divergent geophysical development with fundamentally different geophysical implications*. Phys. Earth Plan. Inter, 1998. **105**: p. 1-4.

138. Blewett, D.T., et al., *Hollows on Mercury: MESSENGER Evidence for Geologically Recent Volatile-Related Activity*. Science, 2011. **333**: p. 1859-1859.

139. Wegener, A.L., *Die Entstehung der Kontinente*. Geol. Rundschau, 1912. **3**: p. 276-292.

140. Vine, F.J. and D.H. Matthews, *Magnetic anomalies over oceanic ridges*. Nature, 1963. **199**: p. 947-949.

141. Hilgenberg, O.C., *Vom wachsenden Erdball*. 1933, Berlin: Giessmann and Bartsch. 56.

142. Carey, S.W., *The Expanding Earth*. 1976, Amsterdam: Elsevier. 488.

143. Beck, A.E., *Energy requirements in terrestrial expansion*. J. Geophys. Res., 1961. **66**: p. 1485-1490.

144. Cook, M.A. and A.J. Eardley, *Energy requirements in terrestrial expansion*. J. Geophys. Res., 1961. **66**: p. 3907-3912.

145. Herndon, J.M., *Solar System processes underlying planetary formation, geodynamics, and the georeactor*. Earth, Moon, and Planets, 2006. **99**(1): p. 53-99.

146. Herndon, J.M., *Energy for geodynamics: Mantle decompression thermal tsunami*. Curr. Sci., 2006. **90**(12): p. 1605-1606.

147.	Herndon, J.M., *A new basis of geoscience: whole-Earth decompression dynamics.* New Concepts in Global Tectonics, 2013. **1**(2): p. 81-95.

148.	Frank, L.A., *Atmospheric holes and small comets.* Rev. Geophys., 1993. **31**(1): p. 1-28.

149.	Frank, L.A., *The Big Splash.* 1990, New York: Birch Lane Press.

150.	Gutzmer, J., et al., *Ancient sub-seafloor alteration of basaltic andesites of the Ongeluk Formation, South Africa: implications for the chemistry of Paleoproterozoic seawater.* Chemical Geology, 2003. **201**(1-2): p. 37-53.

151.	Sparks, R., et al., *Dynamical constraints on kimberlite volcanism.* Journal of Volcanology and Geothermal Research, 2006. **155**(1-2): p. 18-48.

152.	Herndon, J.M., *Origin of mountains and primary initiation of submarine canyons: the consequences of Earth's early formation as a Jupiter-like gas giant.* Curr. Sci., 2012. **102**(10): p. 1370-1372.

153.	Dana, J.D., *On some results of the Earth's contraction from cooling including a discussion of the origin of mountains and the nature of the Earth's interior.* American Journal of Science, 1873. **3**(30): p. 423-443.

154.	Le Conte, J., *On the structure and origin of mountains, with special reference to recent objections to the" contractional theory.".* American Journal of Science, 1878. **3**(92): p. 95-112.

155.	Kossmat, F., *An English Translation of Palaögeographie-Geologische Geschichte Der Meere und Festländer by Franz Kossmat (1924).* 2011: Edwin Mellen Press.

156.	Ward, P.D., et al., *Measurements of the Cretaceous paleolatitude of Vancouver Island: consistent with the Baja-British Columbia hypothesis.* Science, 1997. **277**(5332): p. 1642-1645.

157.	Herndon, J.M., *Potentially significant source of error in magnetic paleolatitude determinations.* Curr. Sci., 2011. **101**(3): p. 277-278.

158.	Bijwaard, H. and W. Spakman, *Tomographic evidence for a narrow whole mantle plume below Iceland.* Earth Planet. Sci. Lett., 1999. **166**: p. 121-126.

159.	Nataf, H.-C., *Seismic Imaging of Mantle Plumes.* Ann. Rev. Earth Planet. Sci., 2000. **28**: p. 391-417.

160.	Hilton, D.R., et al., *Extreme He-3/He-4 ratios in northwest Iceland: constraining the common component in mantle plumes.* Earth Planet. Sci. Lett., 1999. **173**(1-2): p. 53-60.

161.	Basu, A.R., et al., *High-^{3}He plume origin and temporal-spacial evolution of the Siberian flood basalts.* Sci., 1995. **269**: p. 882-825.

162.	Basu, A.R., et al., *Early and late alkali igneous pulses and a high-^{3}He plume origin for the Deccan flood basalts.* Sci., 1993. **261**: p. 902-906.

163.	Marty, B., et al., *He, Ar, Nd and Pb isotopes in volcanic rocks from Afar.* Geochem. J., 1993. **27**: p. 219-228.

164.	Craig, H., et al., *Helium isotope ratios in Yellowstone and Lassen Park volcanic gases.* Geophysical Research Letters, 1978. **5**(11): p. 897-900.

165.	Lowenstern, J.B., R.B. Smith, and D.P. Hill, *Monitoring super-volcanoes: geophysical and geochemical signals at Yellowstone and other large caldera systems.* Philosophical Transactions of the Royal Society A: Mathematical, Physical and Engineering Sciences, 2006. **364**(1845): p. 2055-2072.

166.	Lowenstern, J.B. and S. Hurwitz, *Monitoring a supervolcano in repose: Heat and volatile flux at the Yellowstone Caldera.* Elements, 2008. **4**(1): p. 35-40.

167.	Smith, R.B., et al., *Geodynamics of the Yellowstone hotspot and mantle plume: Seismic and GPS imaging, kinematics, and mantle flow.* Journal of Volcanology and Geothermal Research, 2009. **188**(1-3): p. 26-56.

168.	Wotzlaw, J.-F., et al., *Linking rapid magma reservoir assembly and eruption trigger mechanisms at evolved Yellowstone-type supervolcanoes.* Geology, 2014. **42**(9): p. 807-810.

169. Herndon, J.M., *New concept on the origin of petroleum and natural gas deposits.* J Petrol Explor Prod Technol 2017. **7**(2): p. 345-352.

170. Herndon, J.M., *Enhanced prognosis for abiotic natural gas and petroleum resources.* Curr. Sci., 2006. **91**(5): p. 596-598.

171. Herndon, J.M., *Impact of recent discoveries on petroleum and natural gas exploration: Emphasis on India.* Curr. Sci., 2010. **98**(6): p. 772-779.

172. Blanchon, P. and J. Shaw, *Reef drowning during the last deglaciation: evidence for catastrophic sea-level rise and ice-sheet collapse.* Geology, 1995. **23**(1): p. 4-8.

173. Hagiwara, Y., *Geocatastrophe Mass Extinction and Geomagnetic Reversal.* Journal of Geography (Chigaku Zasshi), 1991. **100**(7): p. 1059-1076.

174. Kennett, J.P. and N. Watkins, *Geomagnetic polarity change, volcanic maxima and faunal extinction in the South Pacific.* Nature, 1970. **227**(5261): p. 930-934.

175. Irvine, T.N., *A global convection framework; concepts of symmetry, stratification, and system in the Earth's dynamic structure.* Economic Geology, 1989. **84**(8): p. 2059-2114.

176. Marzocchi, W. and F. Mulargia, *Feasibility of a synchronized correlation between Hawaiian hot spot volcanism and geomagnetiC polarity.* Geophysical Research Letters, 1990. **17**(8): p. 1113-1116.

177. Marzocchi, W., F. Mulargia, and P. Paruolo, *The correlation of geomagnetic reversals and mean sea level in the last 150 my.* Earth and planetary science letters, 1992. **111**(2-4): p. 383-393.

178. Hsu, K.J., *The great dying.* 1988: Ballantine Books.

179. Raup, D.M., *Magnetic reversals and mass extinctions.* Nature, 1985. **314**(6009): p. 341-343.

180. Raup, D.M. and J.J. Sepkoski, *Periodicity of extinctions in the geologic past.* Proceedings of the National Academy of Sciences, 1984. **81**(3): p. 801-805.

181. Hallam, A. and P. Wignall, *Mass extinctions and sea-level changes.* Earth-Science Reviews, 1999. **48**(4): p. 217-250.

182. Hallam, A., *Phanerozoic sea-level changes.* 1992: Columbia University Press.

183. Miall, A.D., *Exxon global cycle chart: An event for every occasion?* Geology, 1992. **20**(9): p. 787-790.

184. Miller, K.G., et al., *A 180-million-year record of sea level and ice volume variations from continental margin and deep-sea isotopic records.* Oceanography, 2011. **24**(2): p. 40-53.

185. Raup, D.M. and J.J. Sepkoski, *Mass extinctions in the marine fossil record.* Science, 1982. **215**(4539): p. 1501-1503.

186. Rohde, R.A. and R.A. Muller, *Cycles in fossil diversity.* Nature, 2005. **434**(7030): p. 208-210.

187. Herndon, J.M., *Scientific misrepresentation and the climate-science cartel.* J. Geog. Environ. Earth Sci. Intn., 2018. **18**(2): p. 1-13.

188. Herndon, J.M., *Fundamental climate science error: Concomitant harm to humanity and the environment* J. Geog. Environ. Earth Sci. Intn., 2018. **18**(3): p. 1-12.

189. Herndon, J.M., *Role of atmospheric convection in global warming.* J. Geog. Environ. Earth Sci. Intn., 2019. **19**(4): p. 1-8.

190. Herndon, J.M., *World War II holds the key to understanding global warming and the challenge facing science and society.* J. Geog. Environ. Earth Sci. Intn., 2019. **23**(4): p. 1-13.

191. Herndon, J.M. and M. Whiteside, *Further evidence that particulate pollution is the principal cause of global warming: Humanitarian considerations.* Journal of Geography, Environment and Earth Science International, 2019. **21**(1): p. 1-11.

192. Herndon, J.M. and M. Whiteside, *Geophysical consequences of tropospheric particulate heating: Further evidence that anthropogenic global warming is principally*

caused by particulate pollution. Journal of Geography, Environment and Earth Science International, 2019. **22**(4): p. 1-23.

193. Abdussamatov, H.I., *The Sun defines the climate.* Russian journal "Nauka i Zhizn" ("Science and Life"), 2008. **1**: p. 34-42.

194. Abdussamatov, H.I., *Grand minimum of the total solar irradiance leads to the little ice age.* Geol. Geosci., 2013. **2**(2): p. 1-10.

195. Herndon, J.M., *NASA: Politics above Science.* 2018: amazon.com.

196. https://www.ipcc.ch/site/assets/uploads/2018/02/WG1AR5_all_final.pdf

197. Costella, J., ed. *The Climategate Emails.* 2010, The Lavoisier Group: Australia.

198. Phalgune, A., et al. *Garbage in, garbage out? An empirical look at oracle mistakes by end-user programmers.* in *Visual Languages and Human-Centric Computing, 2005 IEEE Symposium on.* 2005. IEEE.

199. Curry, J.A. and P.J. Webster, *Climate science and the uncertainty monster.* Bulletin of the American Meteorological Society, 2011. **92**(12): p. 1667-1682.

200. Lovelock, J., *The Vanishing Face of Gaia: A Final Warning* 2009, London: Allen Lane/Penguine.

201. https://www.climate.gov/maps-data/primer/climate-forcing

202. Andreae, M.O., C.D. Jones, and P.M. Cox, *Strong present-day aerosol cooling implies a hot future.* Nature, 2005. **435**(7046): p. 1187.

203. Myhre, G., et al., *Anthropogenic and natural radiative forcing.* Climate Change, 2013. **423**: p. 658-740.

204. Bond, T.C. and H. Sun, *Can reducing black carbon emissions counteract global warming?* Environ. Sci. Technol., 2005. **39**: p. 5921-5926.

205. Letcher, T.M., *Why do we have global warming?*, in *Managing Global Warming*. 2019, Elsevier. p. 3-15.

206. Summerhayes, C.P. and J. Zalasiewicz, *Global warming and the Anthropocene.* Geology Today, 2018. **34**(5): p. 194-200.

207. Ångström, A., *On the atmospheric transmission of sun radiation and on dust in the air.* Geografiska Annaler, 1929. **11**(2): p. 156-166.

208. Robock, A., *Enhancement of surface cooling due to forest fire smoke.* Science, 1988: p. 911-913.

209. Robock, A., *Surface cooling due to forest fire smoke.* Journal of Geophysical Research: Atmospheres, 1991. **96**(D11): p. 20869-20878.

210. McCormick, R.A. and J.H. Ludwig, *Climate modification by atmospheric aerosols.* Science, 1967. **156**(3780): p. 1358-1359.

211. Andreae, M.O. and A. Gelencsér, *Black carbon or brown carbon? The nature of light-absorbing carbonaceous aerosols.* Atmospheric Chemistry and Physics, 2006. **6**(10): p. 3131-3148.

212. Wang, C., G.-R. Jeong, and N. Mahowald, *Particulate absorption of solar radiation: anthropogenic aerosols vs. dust.* Atmospheric Chemistry and Physics, 2009. **9**(12): p. 3935-3945.

213. Ramanathan, V. and G. Carmichael, *Global and regional climate changes due to black carbon.* Nature geoscience, 2008. **1**(4): p. 221.

214. Fan, J., et al., *Potential aerosol indirect effects on atmospheric circulation and radiative forcing through deep convection.* Geophysical Research Letters, 2012. **39**(9).

215. Anderson, T.L., et al., *Climate forcing by aerosols--a hazy picture.* Science, 2003. **300**(5622): p. 1103-1104.

216. Gottschalk, B., *Global surface temperature trends and the effect of World War II: a parametric analysis (long version).* arXiv preprint arXiv:1703.06511

217. Gottschalk, B., *Global surface temperature trends and the effect of World War II.* arXiv preprint arXiv:1703.09281

218. Stocker, T., et al., *IPCC, 2013: Climate Change 2013: The Physical Science Basis. Contribution of Working Group I to the Fifth Assessment Report of the Intergovernmental Panel on Climate Change, 1535 pp.* 2013, Cambridge Univ. Press, Cambridge, UK, and New York.

219. Archer, D., et al., *Atmospheric lifetime of fossil fuel carbon dioxide.* Annual review of earth and planetary sciences, 2009. **37**: p. 117-134.

220. Bastos, A., et al., *Re-evaluating the 1940s CO2 plateau.* Biogeosciences, 2016. **13**: p. 4877-4897.

221. Müller, J., *Atmospheric residence time of carbonaceous particles and particulate PAH-compounds.* Science of the Total Environment, 1984. **36**: p. 339-346.

222. Poet, S., H. Moore, and E. Martell, *Lead 210, bismuth 210, and polonium 210 in the atmosphere: Accurate ratio measurement and application to aerosol residence time determination.* Journal of Geophysical Research, 1972. **77**(33): p. 6515-6527.

223. Baskaran, M. and G.E. Shaw, *Residence time of arctic haze aerosols using the concentrations and activity ratios of 210Po, 210Pb and 7Be.* Journal of Aerosol Science, 2001. **32**(4): p. 443-452.

224. Quinn, P., et al., *Short-lived pollutants in the Arctic: their climate impact and possible mitigation strategies.* Atmospheric Chemistry and Physics, 2008. **8**(6): p. 1723-1735.

225. Ogren, J. and R. Charlson, *Elemental carbon in the atmosphere: cycle and lifetime.* Tellus B, 1983. **35**(4): p. 241-254.

226. Rutledge, D., *Estimating long-term world coal production with logit and probit transforms.* International Journal of Coal Geology, 2011. **85**(1): p. 23-33.

227. https://www.indexmundi.com/energy/

228. Maggio, G. and G. Cacciola, *When will oil, natural gas, and coal peak?* Fuel, 2012. **98**: p. 111-123.

229. McNeill, J.R., *Something new under the sun: An environmental history of the twentieth-century world (the global century series)*. 2001: WW Norton & Company.

230. Carlson, T.N. and S.G. Benjamin, *Radiative heating rates for Saharan dust*. Journal of the Atmospheric Sciences, 1980. **37**(1): p. 193-213.

231. Scortichini, M., et al., *Short-Term Effects of Heat on Mortality and Effect Modification by Air Pollution in 25 Italian Cities*. International journal of environmental research and public health, 2018. **15**(8): p. 1771.

232. Jacobson, M.Z., *Effects of biomass burning on climate, accounting for heat and moisture fluxes, black and brown carbon, and cloud absorption effects*. Journal of Geophysical Research: Atmospheres, 2014. **119**(14): p. 8980-9002.

233. Ito, A., G. Lin, and J.E. Penner, *Radiative forcing by light-absorbing aerosols of pyrogenetic iron oxides*. Scientific Reports, 2018. **8**(1): p. 7347.

234. Olson, M.R., et al., *Investigation of black and brown carbon multiple-wavelength-dependent light absorption from biomass and fossil fuel combustion source emissions*. Journal of Geophysical Research: Atmospheres, 2015. **120**(13): p. 6682-6697.

235. Oeste, F.D., et al., *Climate engineering by mimicking natural dust climate control: the iron salt aerosol method*. Earth System Dynamics, 2017. **8**(1): p. 1-54.

236. Liu, L., et al., *Cloud scavenging of anthropogenic refractory particles at a mountain site in North China*. Atmospheric Chemistry and Physics, 2018. **18**(19): p. 14681-14693.

237. Hunt, A.J., *Small particle heat exchangers. University of California, Berkeley Report No. LBL-7841*. 1978.

238. Buffett, B.A., *A comparison of subgrid-scale models for large-eddy simulations of convection in the Earth's core*. Geophysical Journal International, 2003. **153**(3): p. 753-765.

239.	Roberts, P.H. and E.M. King, *On the genesis of the Earth's magnetism.* Reports on Progress in Physics, 2013. **76**(9): p. 096801.

240.	Huguet, L., H. Amit, and T. Alboussière, *Geomagnetic dipole changes and upwelling/downwelling at the top of the Earth's core.* Frontiers in Earth Science, 2018. **6**: p. 170.

241.	Glatzmaier, G.A., *Geodynamo simulations - How realistic are they?* Ann. Rev.Earth Planet. Sci., 2002. **30**: p. 237-257.

242.	Guervilly, C., P. Cardin, and N. Schaeffer, *Turbulent convective length scale in planetary cores.* Nature, 2019. **570**(7761): p. 368.

243.	Tackley, P.J., *Modelling compressible mantle convection with large viscosity contrasts in a three-dimensional spherical shell using the yin-yang grid.* Physics of the Earth and Planetary Interiors, 2008. **171**(1-4): p. 7-18.

244.	Gerardi, G., N.M. Ribe, and P.J. Tackley, *Plate bending, energetics of subduction and modeling of mantle convection: A boundary element approach.* Earth and Planetary Science Letters, 2019. **515**: p. 47-57.

245.	Nakagawa, T. and H. Iwamori, *On the implications of the coupled evolution of the deep planetary interior and the presence of surface ocean water in hydrous mantle convection.* Comptes Rendus Geoscience, 2019. **351**(2-3): p. 197-208.

246.	Herndon, J.M., *Uniqueness of Herndon's Georeactor: Energy Source and Production Mechanism for Earth's Magnetic Field.* arXiv: 0901.4509, 2009

247.	Chandrasekhar, S., *Thermal Convection.* Proc. Amer. Acad. Arts Sci., 1957. **86**(4): p. 323-339.

248.	web25, http://nuclearplanet.com/convection.mp4.

249.	https://www.youtube.com/watch?v=lAXOXx3H8AI

250.	Cao, H.X., J. Mitchell, and J. Lavery, *Simulated diurnal range and variability of surface temperature in a global climate model for present and doubled CO2 climates.* Journal of Climate, 1992. **5**(9): p. 920-943.

251.   Qu, M., J. Wan, and X. Hao, *Analysis of diurnal air temperature range change in the continental United States.* Weather and Climate Extremes, 2014. **4**: p. 86-95.

252.   Roderick, M.L. and G.D. Farquhar, *The cause of decreased pan evaporation over the past 50 years.* Science, 2002. **298**(5597): p. 1410-1411.

253.   Easterling, D.R., et al., *Maximum and minimum temperature trends for the globe.* Science, 1997. **277**(5324): p. 364-367.

254.   Dai, A., K.E. Trenberth, and T.R. Karl, *Effects of clouds, soil moisture, precipitation, and water vapor on diurnal temperature range.* Journal of Climate, 1999. **12**(8): p. 2451-2473.

255.   Roy, S.S. and R.C. Balling, *Analysis of trends in maximum and minimum temperature, diurnal temperature range, and cloud cover over India.* Geophysical Research Letters, 2005. **32**(12).

256.   Peralta-Hernandez, A.R., R.C. Balling Jr, and L.R. Barba-Martinez, *Analysis of near-surface diurnal temperature variations and trends in southern Mexico.* International Journal of Climatology: A Journal of the Royal Meteorological Society, 2009. **29**(2): p. 205-209.

257.   Fehler, M. and B. Chouet, *Operation of a digital seismic network on Mount St. Helens volcano and observations of long period seismic events that originate under the volcano.* Geophysical Research Letters, 1982. **9**(9): p. 1017-1020.

258.   Mass, C. and A. Robock, *The short-term influence of the Mount St. Helens volcanic eruption on surface temperature in the Northwest United States.* Monthly Weather Review, 1982. **110**(6): p. 614-622.

259.   Herndon, J.M., *Science misrepresentation and the climate-science cartel.* J. Geog. Environ. Earth Sci. Intn., 2018. **18**(2): p. 1-13.

260. Talukdar, S., et al., *Influence of black carbon aerosol on the atmospheric instability.* Journal of Geophysical Research: Atmospheres.

261. Dunion, J.P. and C.S. Velden, *The impact of the Saharan air layer on Atlantic tropical cyclone activity.* Bulletin of the American Meteorological Society, 2004. **85**(3): p. 353-366.

262. Prospero, J.M. and T.N. Carlson, *Vertical and areal distribution of Saharan dust over the western equatorial North Atlantic Ocean.* Journal of Geophysical Research, 1972. **77**(27): p. 5255-5265.

263. Alfaro, S., et al., *Iron oxides and light absorption by pure desert dust: An experimental study.* Journal of Geophysical Research: Atmospheres, 2004. **109**(D8).

264. Liu, D., et al., *Aircraft and ground measurements of dust aerosols over the west African coast in summer 2015 during ICE-D and AER-D.* Atmospheric Chemistry and Physics, 2018. **18**(5): p. 3817-3838.

265. Whiteside, M. and J.M. Herndon, *Role of aerosolized coal fly ash in the global plankton imbalance: Case of Florida's toxic algae crisi.* Asian Journal of Biology, 2019. **8**(2): p. 1-24.

266. Walsh, J.J. and K.A. Steidinger, *Saharan dust and Florida red tides: the cyanophyte connection.* Journal of Geophysical Research: Oceans, 2001. **106**(C6): p. 11597-11612.

267. Wang, R., et al., *Sources, transport and deposition of iron in the global atmosphere.* Atmospheric Chemistry and Physics, 2015. **15**(11): p. 6247-6270.

268. Wells, M., L. Mayer, and R. Guillard, *Evaluation of iron as a triggering factor for red tide blooms.* Marine ecology progress series, 1991: p. 93-102.

269. Wong, S. and A.E. Dessler, *Suppression of deep convection over the tropical North Atlantic by the Saharan Air Layer.* Geophysical research letters, 2005. **32**(9).

270. Landsberg, H.E., *The Urban Climate, Volume 28.* 1981, Academic Press.

271. Roth, M., T. Oke, and W. Emery, *Satellite-derived urban heat islands from three coastal cities and the utilization of such data in urban climatology.* International Journal of Remote Sensing, 1989. **10**(11): p. 1699-1720.

272. Hua, L., Z. Ma, and W. Guo, *The impact of urbanization on air temperature across China.* Theoretical and Applied Climatology, 2008. **93**(3-4): p. 179-194.

273. Alcoforado, M.J. and H. Andrade, *Global warming and the urban heat island,* in *Urban ecology.* 2008, Springer. p. 249-262.

274. Fan, J., et al., *Review of aerosol–cloud interactions: Mechanisms, significance, and challenges.* Journal of the Atmospheric Sciences, 2016. **73**(11): p. 4221-4252.

275. Pöschl, U., *Atmospheric aerosols: composition, transformation, climate and health effects.* Angewandte Chemie International Edition, 2005. **44**(46): p. 7520-7540.

276. Ito, A., *Atmospheric processing of combustion aerosols as a source of bioavailable iron.* Environmental Science & Technology Letters, 2015. **2**(3): p. 70-75.

277. Ito, A., et al., *Pyrogenic iron: The missing link to high iron solubility in aerosols.* Science Advances, 2019. **5**(5): p. eaau7671.

278. Matsui, H., et al., *Anthropogenic combustion iron as a complex climate forcer.* Nature communications, 2018. **9**(1): p. 1593.

279. Moteki, N., et al., *Anthropogenic iron oxide aerosols enhance atmospheric heating.* Nature communications, 2017. **8**: p. 15329.

280. Latham, J., et al., *Marine cloud brightening.* Philosophical Transactions of the Royal Society A: Mathematical, Physical and Engineering Sciences, 2012. **370**(1974): p. 4217-4262.

281. Kumar, M., et al., *Carbon dioxide capture, storage and production of biofuel and biomaterials by bacteria: A review.* Bioresource technology, 2018. **247**: p. 1059-1068.

282. Reynolds, J.L., *Solar geoengineering to reduce climate change: a review of governance proposals.* Proceedings of the Royal Society A, 2019. **475**(2229): p. 20190255.

283. *Ambient air pollution – a global assessment of exposure and burden of disease.*, in *WHO Library Cataloguing-in-Publication.* 2016, World Health Organization, Geneva.

284. Apte, J.S., et al., *Ambient PM2.5 Reduces Global and Regional Life Expectancy.* Environmental Science & Technology Letters, 2018.

285. Pope, A., et al., *Lung cancer, cardiopulmonary mortality, and long-term exposure to fine particulate air pollution.* JAMA, 2002. **287**(9): p. 1132-1141.

286. Genc, s., et al., *The Adverse Effects of Air Pollution on the Nervous System.* Journal of Toxicology, 2012. **2012**.

287. Calderón-Garcidueñas, L., et al., *Air pollution, cognitive deficits and brain abnormalities: a pilot study with children and dogs.* Brain and cognition, 2008. **68**(2): p. 117-127.

288. Von Hagen, V.W., *The ancient sun kingdoms of the Americas.* Vol. 1. 2017: Pickle Partners Publishing.

289. Benson, E.P. and A.G. Cook, *Ritual sacrifice in ancient Peru.* 2001: University of Texas Press.

290. Breasted, J.H., *Development of religion and thought in ancient Egypt.* Vol. 45. 1972: University of Pennsylvania Press.

291. Herndon, J.M., *New concept for internal heat production in hot Jupiter exo-planets, thermonuclear ignition of dark galaxies, and the basis for galactic luminous star distributions.* Curr. Sci., 2009. **96**: p. 1453-1456.

292. Bacquerel, H., *Sur les radiations emises par phosphorescence.* Comptes Rendus, 1896. **122**: p. 501-503.

293. Malley, M.C., *Radioactivity: a history of a mysterious science.* 2011: Oxford University Press.

294. Oliphant, M.L., P. Harteck, and E. Rutherford, *Transmutation effects observed with heavy hydrogen.* Nature, 1934. **133**: p. 413.

295. Gamow, G. and E. Teller, *The rate of selective thermonuclear reactions.* Phys. Rev., 1938. **53**: p. 608-609.

296. Bethe, H.A., *Energy production in stars.* Phys. Rev., 1939. **55**(5): p. 434-456.

297. Hayashi, C. and T. Nakano, *Thermal and dynamic properties of a protostar and its contraction to the stage of quasi-static equilibrium.* Prog. theor. Physics, 1965. **35**: p. 754-775.

298. Larson, R.B., *Gravitational torques and star formation.* Mon. Not. R. astr. Soc., 1984. **206**: p. 197-207.

299. Stahler, S.W., et al., *The early evolution of protostellar disks.* Astrophys. J., 1994. **431**: p. 341-358.

300. Hahn, O. and F. Strassmann, *Uber den Nachweis und das Verhalten der bei der Bestrahlung des Urans mittels Neutronen entstehenden Erdalkalimetalle.* Die Naturwissenschaften, 1939. **27**: p. 11-15.

301. Serber, R., *The Los Alamos primer: The first lectures on how to build an atomic bomb.* 1992: Univ of California Press.

302. Rhodes, R., *The Making of the Atomic Bomb.* 1986, New York: Simon & Schuster.

303. Sekimoto, H., *Nuclear reactor theory.* 2008: COE-INES, Tokyo Institute of Technology.

304. Rhodes, R., *Dark Sun: The Making of the Hydrogen Bomb.* Vol. 2. 1996: Simon and Schuster.

305. Kuroda, P.K., *On the nuclear physical stability of the uranium minerals.* J. Chem. Phys., 1956. **25**(4): p. 781-782.

306. Kuroda, P.K., *On the infinite multiplication constant and the age of uranium minerals.* J. Chem. Phys., 1956. **25**(6): p. 1295-1296.

307. Frejacques, C., et al., in *The Oklo Phenomenon.* 1975, I.A.E.A.: Vienna. p. 509.

308. Hagemann, R., et al., in *The Oklo Phenomenon.* 1975, I.A.E.A.: Vienna. p. 415.

309.   Conrath, B.J., et al., in *Uranus*, J.T. Bergstralh, E.D. Miner, and M.S. Mathews, Editors. 1991, University of Arizona Press: Tucson.

310.   Hubbard, W.B., *Interiors of the giant planets*, in *The New Solar System*, J.K.B.a.A. Chaikin, Editor. 1990, Sky Publishing Corp.: Cambridge, MA. p. 134-135.

311.   Stevenson, J.D., *The outer planets and their satellites*, in *The Origin of the Solar System*, S.F. Dermott, Editor. 1978, Wiley: New York. p. 395-431.

312.   Rubin, V.C., *The rotation of spiral galaxies*. Science, 1983. **220**: p. 1339-1344.

313.   Arun, K., S. Gudennavar, and C. Sivaram, *Dark matter, dark energy, and alternate models: A review*. Advances in Space Research, 2017. **60**(1): p. 166-186.

314.   Herndon, J.M., *Herndon's Earth and the Dark Side of Science*. 2014: Printed by CreateSpace; Available at Amazon.com and through other book sellers.

315.   Burbidge, E.M., et al., *Synthesis of the elements in stars*. Rev. Mod. Phys., 1957. **29**(4): p. 547-650.

316.   Hubble, E., *A relation between distance and radial velocity among extra-galactic nebulae*. Proc. Nat. Acad. Sci. USA, 1929. **15**: p. 168-173.

317.   Slipher, V.M., *The radial velocity of the Andromeda Nebula*. Lowell Observatory Bulletin, 1913. **2**: p. 56-57.

318.   Penzias, A.A. and R.W. Wilson, *A measurement of excess antenna temperature at 4080 Mc/s*. Astrophys. J., 1965. **142**: p. 419-421.

7 ÍNDICE

SOBRE EL AUTOR

J. Marvin Herndon (nacido en 1944) es un científico interdisciplinar estadounidense, que se licenció en física en 1970 por la Universidad de California, San Diego, y se doctoró en química nuclear en 1974 por la Universidad A&M de Texas. J. Marvin Herndon fue aprendiz postdoctoral de Hans E. Suess y Harold C. Urey en geoquímica y cosmoquímica en la Universidad de California, San Diego. Es el Presidente y Director General de Transdyne Corporation en San Diego, California.

En 2003 apareció en la revista *Current Biography*, junto con el Presidente del Tribunal Supremo de los Estados Unidos, William H. Rehnquist, Jefe de Personal de la Casa Blanca, Andrew H. Card, Jr, director de cine y guionista, Sofia Coppola y otras trece personas, J. Marvin Herndon fue apodado "el geofísico inconformista" por *The Washington Post* [*The Washington Post*, 24 de marzo de 2003, página A06]. Armado con un conocimiento único de la naturaleza de la ciencia y de la manera de hacer descubrimientos importantes, transmitido a través de generaciones de maestros científicos, la vida profesional de Marvin Herndon, como tecnólogo y como científico, ha sido una progresión lógica, paso a paso, de comprensión y descubrimiento, descubriendo y planteando correcciones a errores muy arraigados en geofísica, en astrofísica y en la gestión de la ciencia. Su página web es NuclearPlanet.com.

www.ingramcontent.com/pod-product-compliance
Lightning Source LLC
Chambersburg PA
CBHW052015150726
47999CB00004B/1672